电工与电子技术实验

DIANGONG YU DIANZI JISHU SHIYAN

主　编:郭红想　叶敦范

副主编:杨　勇　余蓓蓓　严　军　许鸿文

中国地质大学出版社有限责任公司

ZHONGGUO DIZHI DAXUE CHUBANSHE YOUXIAN ZEREN GONGSI

内容简介

本书是参照高等学校工科《电工、电子技术基础》教材编写大纲的意见编写的。内容分为上、下两篇：上篇较全面地介绍了电工与电子技术实验基础知识、电工电子常用测量仪器和 Multsim 仿真技术，便于学生课前自学预习；下篇根据课程实验特点分类，给出了基本实验、简单设计实验、综合实验三大类共计 23 个实验项目，具有实用性、综合性、趣味性、先进性，突出动手能力和创新意识的培养。

本书侧重科学实验方法的学习，加强基本电工实验技能的训练，引入了计算机仿真软件，体现了对现代电气工程实验技术的了解，强调学生在整个实验过程中的参与。本书可作为高等院校非电类专业电工学、电工与电子技术课程的配套实验指导书，也可供工程技术人员参考。

图书在版编目(CIP)数据

电工与电子技术实验/郭红想，叶敦范主编. —武汉：中国地质大学出版社有限责任公司，2011.10

ISBN 978-7-5625-2730-5

Ⅰ.①电…
Ⅱ.①郭…②叶…
Ⅲ.①电工技术-实验-高等学校-教材②电子技术-实验-高等学校-教材
Ⅳ.①TM-33②TN-33

中国版本图书馆 CIP 数据核字(2011)第 207017 号

电工与电子技术实验 郭红想 叶敦范 **主编**

责任编辑：谌福兴 责任校对：张咏梅

出版发行：中国地质大学出版社有限责任公司(武汉市洪山区鲁磨路 388 号) 邮政编码：430074
电话：(027)67883511 传真：67883580 E-mail：cbb @ cug. edu. cn
经 销：全国新华书店 http://www. cugp. cug. edu. cn

开本：787 毫米×1 092 毫米 1/16 字数：170 千字 印张：6.625
版次：2011 年 10 月第 1 版 印次：2011 年 10 月第 1 次印刷
印刷：武汉市教文印刷厂 印数：1—3 000 册

ISBN 978-7-5625-2730-5 定价：18.00 元

前　言

实验能力和实验操作技能是高等工科院校学生培养的重要内容之一。本书旨在帮助学生验证、消化和巩固基本理论，运用理论处理实际问题，获得实验技能和科学研究方法。结合我国当前电工电子实验教学体系、内容和方法上的改革以及多年来实验教学改革研究的成果，在保留传统实验的基础上，增加了仿真、设计和综合实验。

本教材具有以下特点：

(1)注重层次性和实用强。在内容安排上由浅入深、循序渐进，在加强基础的同时，侧重实用性，以提高学生的学习兴趣和能力，满足不同专业、不同层次的需要。

(2)注重先进性。将Multisim10技术引进实验教学中，使学生掌握应用现代电子技术手段，跟上时代的发展。

(3)注重能力培养。在每一个实验项目中，设置了思考题、明确实验报告的要求，增加设计性实验的分量，全面提升学生分析问题和解决问题的能力。

本实验教材是由中国地质大学(武汉)机电学院电工与电子技术课程组老师集体编写。郭红想、叶敦范任主编，杨勇、余蓓蓓、严军、许鸿文任副主编。其中郭红想负责第一章、第二章和第四章的编写及全书的统稿与定稿工作；杨勇、余蓓蓓负责第三章、第六章的编写；叶敦范、严军、许鸿文负责第五章的编写。叶敦范教授和王典洪教授仔细审阅了全稿，指出了书中诸多错误和不妥之处，并提出了宝贵的修改意见，在此深表感谢。

本教材在编写过程中，得到了中国地质大学(武汉)信息实验中心的老师们的大力支持；同时也得到了学校和院系的资助，在此谨致诚挚谢意。

由于编者水平有限，书中难免会有不妥和错误之处，恳请各位专家、读者，以及使用本书的老师和同学们批评、指正。

前言

目　录

上篇　电工与电子技术实验基础

下篇 电工与电子技术实验内容

上篇　电工与电子技术实验基础

第一章　电工与电子技术实验基本知识

第一节　基本实验技能和要求

一、基本实验技能

1. 线路的连接

合理布局：将仪器、仪表合理布置，使之便于操作、读数和接线。合理布局的原则是：安全、方便、整齐、相互不影响。

正确接线：接线该长则长、该短则短，尽量做到线路简洁清楚、容易检查、操作方便、牢固可靠。合理的接线步骤一般是："先串后并，先主后辅"。为了安全起见，接线时通常最后接电源部分，拆线时应先拆电源部分。操作中严禁带电拆、接线。

2. 测量值的读取

合理选择量程：对指针式仪表应力求使指针偏转大于 2/3 满量程时较为合适，同一量程中，指针偏转越大越准确。

合理读取数据点：在操作过程中，要能掌握被测曲线趋势和找出特殊点，凡变化急剧的地方应取点密，变化缓慢的地方应取点疏，以使取点尽量少又能真实反映客观情况。

二、仪器设备的基本使用方法

(1)了解设备的名称、用途、铭牌规格及面板旋钮情况。使用时各旋钮应置于正确位置，禁止无意识地乱拨动旋钮。

(2)明确仪器设备使用的极限值。

(3)要注意使用设备的最大允许输出值，如调压器、稳压电源有最大输出电流的限制，电机有最大输出功率的限制，信号源有最大输出功率及最大信号电流限制。

(4)要注意测量仪表仪器最大允许的输入值，如电流表、电压表和功率表要注意最大的电流值或电压值。万用表、数字万用表、数字频率计、示波器等的输入端都规定有最大允许的输入值，不得超过，否则会损坏设备。对多量程仪表(如万用表)要正确使用量程，千万不能用欧姆挡测量电压或用电流挡测量电压等。

(5)学会判断仪器设备是否工作正常。有自校功能的可通过自校功能对设备进行检查，如示波器有自校正弦波或方波，频率计有自校标准频率。

三、故障分析与检查排除

1. 实验中常见故障

连线：连线错，接触不良，断路或短路。

元件：元件错或元件值错，包括电源输出值等。

参考点：电源、实验电路、测量仪器之间公共参考点连接错误等。

2. 故障排除方法

故障检查方法很多，一般是根据故障类型，确定部位、缩小范围，在小范围内逐点检查，最后找出故障点并给予排除。简单实用的方法是用万用表在通电状态下用电压挡，或断电状态下用电阻挡检查电路故障。

带电检查法：用万用表的电压挡(或电压表)，在接通电源情况下，根据实验原理，如果电路某两点应该有电压，而万用表测不出电压；或某两点间不应该有电压，而万用表测出了电压；或所测电压值与电路原理不符，则故障即在此两点间。

断电检查法：用万用表的电阻挡(或欧姆表)，在断开电源情况下，根据实验原理，如果电路某两点应该导通无电阻(或电阻极小)，而用万用表测出开路(或电阻极大)；或某两点应该开路(或电阻极大)，但测得的结果为短路(或电阻极小)，则故障即在此两点间。

第二节 实验报告要求

一、实验预习要求

实验前应认真阅读实验教材，了解实验目的、实验内容和实验注意事项，并复习相关原理。为了确保达到预习要求，每次实验前，教师将对学生进行口头或书面检查。凡没有达到要求的学生，均不得参加本次实验。

实验预习应包括以下内容：

(1)明确实验目的，了解实验内容和实验步骤；

(2)掌握与实验内容有关的定性分析和定量计算；

(3)了解实验仪器和设备的使用方法以及注意事项；

(4)回答指定的预习思考题；

(5)对部分实验，根据实验要求自行拟定实验数据记录表格。

二、实验报告撰写要求

实验报告是实验工作的全面总结，是教师考核学生实验成绩的主要依据。实验报告的重点是实验数据的整理与分析。实验报告要求字迹清楚，回答问题简明扼要，有条有理，数据表格工整，电路图清晰完整，实验曲线、波形一律画在方格纸上，剪贴在相应位置，实验数据准确详实。

实验报告主要包括以下各项：

(1)记录实验电路(包括元器件参数)、实验数据与波形以及实验过程中出现的故障及解决的方法等；

(2)对原始记录进行必要的分析、整理，包括实验数据与估算结果的比较，产生误差的原因及减小误差的方法，实验故障原因的分析等；

(3)回答实验思考题。

第三节　实验测量误差及数据处理

在科学实验与生产实践中，为了获取表征被研究对象特征的定量信息，必须准确地进行测量。在测量过程中，由于无论所用测量仪器如何精密、测量方法如何完善，所得测量结果都不可能与被测量的实际值完全一致。测量结果与被测量实际值之间的差值称为测量误差，简称误差。研究测量误差，就是研究产生误差的原因、性质以及如何正确处理测量误差，以便消除、修正或减弱误差的影响。掌握了测量误差的变化规律可以指导正确地组织实验和合理地选定测量方法，从而达到提高实验质量的目的。

一、测量误差的分类

测量误差根据其性质和特点可分为系统误差、偶然误差和疏忽误差。

1. 系统误差

在一定条件下，对同一对象进行测量时，如出现的误差其大小和正负是恒定不变或遵循某一规律，那么这种测量误差就属于系统误差。

产生系统误差的原因有：仪器仪表误差(刻度的偏差、仪表的零点偏移或指针安装偏心等)；环境误差(测量时环境实际温度、湿度及外界干扰等引起的误差)；读数误差(读数者的习惯或不正确的读数方法)；测量方法(近似测量方法以及在间接测量时近似计算方法所引起的误差)等。

2. 偶然误差

同一个实验者，用同一台仪器在相同条件下对同一个事物量进行多次等精度测量时，发现每次测量结果都不尽相同，可见每次测量都有误差，这种误差称为偶然误差，也称为随机误差，即误差的大小随机改变而无法控制。

产生偶然误差的原因有：测量用的仪器仪表之间的配合不符合要求，测量人员读数的无规律，电源电压的频繁波动，电磁场干扰等。

3. 疏忽误差

由于疏忽引起的测量值明显地偏离实际值所造成的误差称为疏忽误差。将含有疏忽误差的测量值称为坏值或异常值。在实验测量过程中或数据处理时应尽量剔除这些坏值。

产生疏忽误差的原因有：不适当的测量方法，测量者粗心大意等。

二、误差的表示方法

误差的表示方法有3种：绝对误差、相对误差和引用误差。

1. 绝对误差

设被测量的真值为 A_0，测量结果为 X，则绝对误差 ΔX 为

$$\Delta X = X - A_0$$

在某一时间及空间条件下，被测量的真值虽然是客观存在的，但一般无法求得。在实际应用中，可用标准表的指示值作为被测量的真值。

【例 1】用一个标准电压表校准两个电压表，用标准电压表测量电路中某一电阻上的电压为 80V，而用电压表 1 和电压表 2 测量时，读数分别为 80.5V 和 79V，求两表的绝对误差。

解：电压表 1 的绝对误差为

$$\Delta X_1 = X_1 - A_0 = 80.5 - 80 = 0.5\text{V}$$

电压表 2 的绝对误差为

$$\Delta X_2 = X_2 - A_0 = 79 - 80 = -1\text{V}$$

从两表的绝对误差可知，电压表 1 的测量比电压表 2 的要准确。

2. 相对误差

绝对误差值的大小往往不能确切地反映出被测量值的准确程度。测量 100V 电压时，$\Delta X_1 = 2\text{V}$，测量 10V 电压时，$\Delta X_2 = 0.5\text{V}$，虽然，$\Delta X_1 > \Delta X_2$，但从仪表测量结果的相对影响来看，却是后者对结果影响较大。因为 ΔX_1 只占被测量的 2%，而 ΔX_2 却占被测量的 5%。因而工程上通常采用相对误差来衡量测量结果的准确度。

相对误差 r 是绝对误差与真值的比值，通常用百分数来表示，即

$$r = \frac{\Delta X}{A_0} \times 100\%$$

3. 引用误差

相对误差可以较好地反映测量的准确度，但不能说明仪表本身的准确性。在连续刻度的仪表中，用相对误差来表示仪表在整个量程内的准确度就不太合适，因为对不同的真值，同一仪表的绝对误差相同，而相对误差却不同。

引用误差是指绝对误差 ΔX 与仪表测量上限 A_m(仪表的满刻度值)的比值，通常用百分数来表示，即

$$r_m = \frac{\Delta X}{A_m} \times 100\%$$

因仪表的测量上限是一个常数，而仪表的绝对误差又基本上不变，对某一个仪表来说，引用误差就近似为一个常数。因而可用引用误差来表示仪表的准确度。引用误差事实上就是测量的真值为仪表最大测量上限时的相对误差。

国家标准规定用最大引用误差来表示仪表的准确度等级，准确度等级用 K 表示，为

$$\pm K\% = \frac{\Delta X_m}{A_m} \times 100\%$$

即准确度等级为仪表测量时的最大绝对误差与仪表测量上限的比值的 100 倍。

$K = 0 \sim 0.1$ 为 0.1 级仪表。类似地，K 共有 0.1、0.2、0.5、1.0、1.5、2.5 和 5.0 七个等级。对满量程为同一个大小的仪表来说，仪表等级越小，仪表测量越准确。

三、测量误差的消除

消除或尽量减少测量误差是进行准确测量的条件之一，所以在进行测量之前，必须预先估计所有产生误差的根源，有针对性地采取相应的措施加以处理，才能测得更接近被测量的真值。

1. 系统误差的消除

(1)修正误差。在测量之前，应对测量所用仪器和仪表用更高一级标准仪器进行检定，从而确定它们的修正值，而实际值＝修正值＋测量值，通过修正值消除仪表误差。

(2)消除误差来源。在进行测量之前，测量者应对整个测量过程及测量装置进行必要的分析和研究，找出可能产生系统误差的原因，在测量之前对产生误差的因素采取一些必要的措施，使这些因素得到消除或削弱。

2. 偶然误差的消除

偶然误差的特点是在多次测量中，误差绝对值的波动有一定的界限，正负误差出现的机会相同。根据统计学的知识分析知道，当测量次数足够多时，偶然误差的算术平均值趋近于零。因此，取多次测量值的平均值的方法可以用来消除偶然误差。

3. 疏忽误差的消除

凡是由于偶然疏忽所造成的误差，数据就明显地与实际值相差甚远，这种由于疏忽所测得的数据均为坏值，在进行数据处理时应将其处理。

综上所述，三种误差同时存在的情况下，对于疏忽误差的测量值，首先给予剔除；对于偶然误差采用统计学求平均值的方法来消除它的影响；对于系统误差，在进行测量之前，必须预先估计一切产生系统误差的根源，有针对性地采取相应的措施来消除系统误差，如对仪表进行校正，配置适当的仪器仪表，选择合理的测量方法等。

四、测量数据处理

实验中，被记录下来的一些数据还需要经过适当的处理和计算才能反应出事物的内在规律，这种处理过程称为测量数据处理。测量数据处理是建立在误差分析的基础上。因此，应制定出合理的数据处理方法，以减少测量过程中随机误差的影响。

进行测量数据处理时，应注意结果通常用数字和图形两种形式表示。对用数字表示的测量结果，在进行数据处理时，除了注意有效值的正确取舍外，还应制定出合理的数据处理方法，以减少测量过程中偶然误差的影响。对用图形表示的测量结果，应考虑坐标的选择和正确的作图方法，以及对所作图形的评定等。

1. 测量结果的数据处理

用数字表示测量结果时，主要包括有效数字的取舍与数据的运算。

(1)有效数字。有效数字是指测量得到的数据，从它的左边第一个非零数字开始，直到右边最后一个数字为止的所有数字。小数点的位置不影响有效数字的位数。如 25.5mA 与 0.025 5A 这两个数都是三位有效数字。

测量数据的有效数字位数的取舍主要与所使用的仪表的量程有关系。如有一个电压表的量程为 10V，表中的每一小格代表 0.1V，测量电压时，指针指示在 5.5～5.6V 之间，读取数据为 5.53V，其中“5.5”是准确的，称为测量数据中的可靠部分，而小数点后面的第二位数字“3”为估算值。另有一个电压表的量程为100V，电压表的每一小格代表1V，测量电压时，指针指示在55～56V之间，读取数据为55.5V，其中“55”是准确的，而小数点后面的数字“5”为估算值。

测量误差本身是不准确的估算值，在测量结构中对应在可疑部分上。因此，测量和计算出来的误差均只取一位数。

(2)有效数字的运算。当测量结果需要进行中间运算时，有效数字的位数对运算结果影响较大，正确选定运算数据有效数字的位数是实现高精度测量的保证。但有效数字位数保留太多将使计算变得复杂；而有效数字保留太少又可能影响测量精度。究竟保留多少位有效数字，原则上取决于参与运算的各数中精度最差的那一项。一般取舍规则分为下面几种情况。

①加减运算。进行加减运算时，结果所保留的小数点后面的位数应该不多于各项值中小数点后面位数最小项的位数。

②乘除运算。进行乘除运算时，有效数字取决于其中有效位数最小的项。

③乘方及开方运算。进行乘方与开方运算时，结果的有效数字位数与原数据的有效数字位数相同。

④三角函数、对数运算。进行三角函数运算时，三角函数的有效数字的位数与角度的有效数字位数相同。进行对数运算时，对数运算结果的有效值的位数与原数据的有效值位数相等。

2. 测量结果的图解分析

图解分析是根据测量数据作出一条尽可能反映真实情况的曲线，并对该曲线进行定量的分析。熟练掌握作图规则是正确进行图解分析的关键。其作图规则如下。

(1)确定坐标轴。首先将已记录好的数据列成数据表，图解分析时一般以纵坐标代表因变量，横坐标代表自变量，根据数据正负、大小选好坐标轴的方向和比例。选取的原则是使曲线充满整个图纸。

(2)根据实验数据作图。根据数据表一一找出各对应的实验点并给予鲜明的标记，比如打上“*”或“△”等符号。实验点不一定都落在曲线上，只要均匀地分布在曲线的两侧即可，切忌连成折线或多弯线，这样的曲线不能反映客观事物的单值函数关系。另外，有时在测量数据时就应该注意观察，当曲线出现弯曲时，取测量点尽量密集些，在平直部分可以稀疏些。有条件时，可以一边测量一边绘一个草图，发现可疑之处，立即重测。

(3)图解分析。用图解分析来处理实验数据设计，比如求斜率或截距，应取平均结果，不要取个别实验点。

第二章　常用电工电子测量仪器

第一节　直流稳压电源

直流稳压电源是一种为电路提供能源的设备。当输入交流电压，输出可以调整的稳定的直流电压。当电源电压波动和负载变化时保证输出电压基本不变。实验室中使用的稳压电源通常是双路稳压电源，可同时输出两路可调的直流稳压电源。

一、直流稳压电源的工作原理

直流稳压电源是一种在电网电压或负载变化时能够自动调整并保证输出电压基本不变的装置。直流稳压电源的基本构成如图 2-1 所示。首先由变压器将电网供给的 220V、50Hz 的交流电压变换为幅度合适的交流电压，然后由整流电路将交流电压变换成直流脉动电压，滤波电路将脉动电压中的纹波分量滤掉，再经过稳压电路输出稳定的直流电压。

稳压电源中常用的整流滤波电路为桥式整流电容滤波，稳压电路通常为串联型晶体管稳压电路和集成稳压电路。

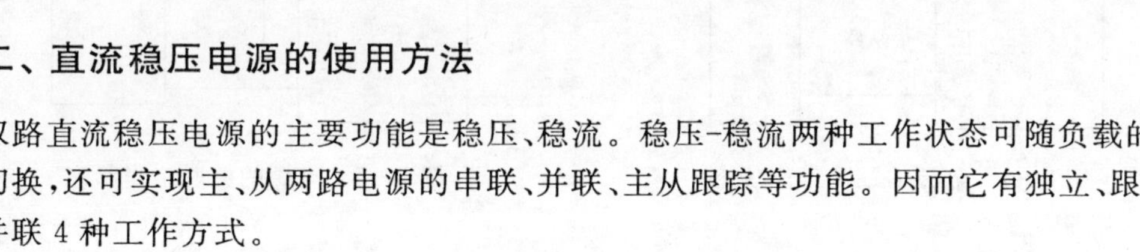

图 2-1　直流稳压电源的原理图

二、直流稳压电源的使用方法

双路直流稳压电源的主要功能是稳压、稳流。稳压-稳流两种工作状态可随负载的变化自动切换，还可实现主、从两路电源的串联、并联、主从跟踪等功能。因而它有独立、跟踪、串联和并联 4 种工作方式。

1. 面板控制键功能

各种品牌和型号的稳压电源面板结构大同小异，主要有：

(1)电源开关；

(2)两路输出接线端子及各自的调节旋钮；

(3)电压/电流表：指示输出电压/输出电流及表头功能选择键，置“V”时，表头为电压指示，置“I”时，表头为电流指示；

(4)“跟踪/ 独立”工作方式选择按钮:置“独立”时,两路输出各自独立,置“跟踪”时,两路为串联跟踪工作方式(或两路对称输出工作状态);

(5)接地端子:机器外壳接地端。

2. 输出工作方式

(1)独立工作方式:将“跟踪/ 独立”工作方式选择开关置于“独立”,即可得到两路输出相互独立的电源,见图 2-2。

(2)串联工作方式:将“跟踪/ 独立”工作方式选择开关置于“跟踪”,并将主路负接线端子与从路正接线端子用导线连接,连接方式见图 2-3。此时两路予置电流应略大于使用电流。

(3)跟踪工作方式:将“跟踪/ 独立”工作方式选择开关置于“跟踪”位置时,将主路负接线端子与从路正接线端子连接,连接方式见图 2-4,即可得到一组电压相同极性相反的电源输出,此时两路予置电流应略大于使用电流。电压由主路控制。

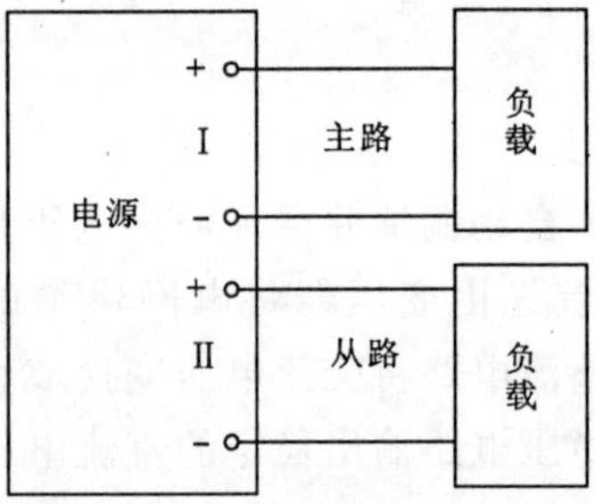

图 2-2 电源的独立工作状态

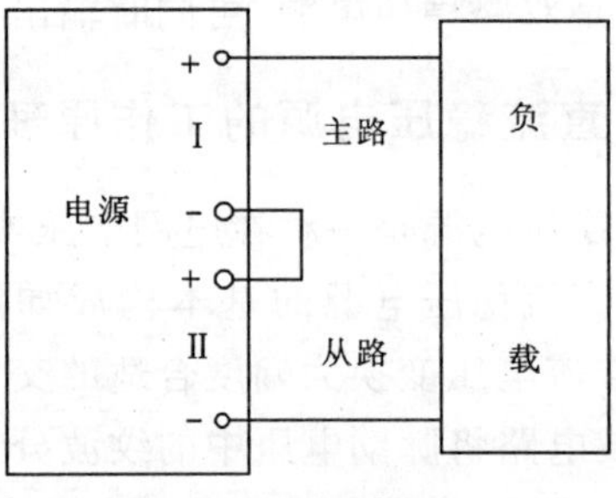

图 2-3 电源的串联工作状态

(4)并联工作方式:将“跟踪/独立”工作方式选择开关置于“独立”位置,分别将两正接线端子、两负接线端子连接,连接方式如图 2-5,便可得到一组电流为两路电流之和的输出。

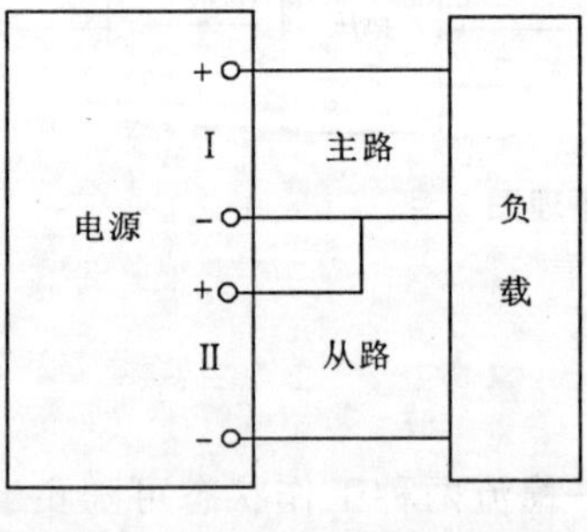

图 2-4 电源的跟踪工作状态

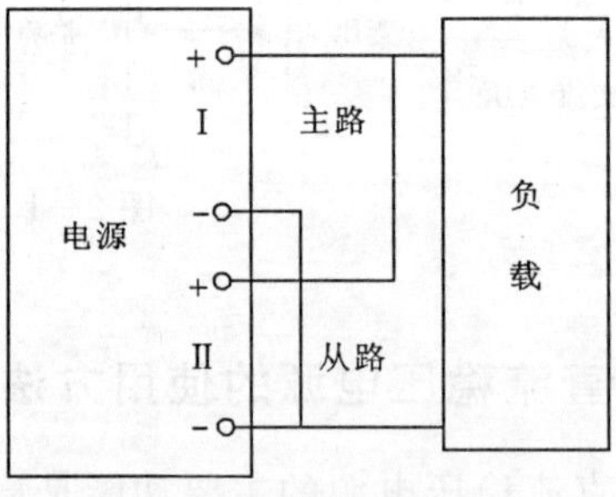

图 2-5 电源的并联工作状态

三、使用直流稳压电源的注意事项

(1)使用前须阅读技术说明书了解使用方法。

(2)仪器通电前,必须保证供电电压置于仪器的规定值,保护导体必须与保护端子连接。

(3)电源插头必须插入接有保护接地点的电源插座中。

(4)更换保险丝时,只能使用规定类型及额定电流的保险丝,不允许使用临时代用保险丝或将保险丝管短接。

(5)仪器出现故障维修时,必须将仪器电源断开。

第二节　万用表

万用表在电工电子测量仪器仪表中是应用最广泛的一种测量仪表,可以用它方便地进行交、直流电压、电流,电阻的测量,也可以测量半导体器件及电容元件等。万用表根据其结构不同有指针式、数字式,也有台式、便携式的区别。不同类型的万用表的功能及用法基本上都是相同的。

一、面板控制键功能

(1)指针式万用表的面板主要有:表头、量程转换开关、欧姆调零电位器、机械零位调节、晶体管静态直流放大系数插座和表笔插座等。表头是一个高灵敏度的磁电式整流系仪表。表盘上的刻度"Ω"是测量电阻用的;" V"、"mA"和"V～"分别是测量直流电压、直流电流和交流电压用的;"h_{FE}"是分别测量锗和硅晶体三极管静态直流放大系数用的;"C、L、dB"分别是测量电容、电感及音频电平用的;机械零位调节螺钉是用来调整指针,使其处在零点位置的;量程转换开关是用来转变各种测量电路、选择测量项目和量程的。当转换开关置于"Ω"时,可测量电阻的阻值;当转换开关置于"V"时,可测量直流电压;当转换开关置于" mA"时,可测量直流电流;当转换开关置于"V～"时,可测量交流电压等。为保证被测电阻阻值的准确,测量前必须进行欧姆调零工作,即先把两支表笔短路(此时电阻阻值为零),指针应指在"0"欧上。若偏离"0" ,可调节欧姆调零旋钮,使指针指在"0"欧姆处。有两组插座,一是表笔插座,二是晶体管静态放大系数插座,它有 NPN"e、b、c" 和 PNP"e、b、c"六个插孔,用于测量三极管的参数。

(2)数字万用表面板有:液晶显示屏、量程开关、输入插孔、h_{FE}插座和电源开关 5 个部分。万用表的液晶显示屏最大显示"1999"或"－1999"。当测量直流电压和直流电流时,仪表有自动显示极性功能,若测量值为负,显示的数字前面将带"－"号。在允许范围内减小量程时,显示屏上小数点的位置左移,小数部分的位数增多,可使测量精度提高。此外,显示屏还具有超量显示功能,当输入超量时,显示屏的左端将出现"1"或"－1"。量程开关、输入插孔、h_{FE}插座同指针式外表,但使用数字式表时,要注意电源开关的开与闭。

二、使用方法

(1)在使用万用表之前,要熟悉量程转换开关、旋钮、按钮、插座、插孔的作用及使用方法。

(2)测量前要明确测量什么和测量方法,然后将量程转换开关置于相应的测量项目和量程挡位。若事先无法估计被测量项目的大小,应先把量程转换开关置于最高挡,然后再逐渐减小量程至合适挡位。在测量高电压(220V)或大电流(0.5A 以上)时,若需改变量程,一定要将表笔脱离电路,以免损坏万用表。每一次测量之前,都应核对一下测量目的及量程转换开关是否置于对应位置。

(3)测量电流时,若电源内阻和负载电阻都很小,则应尽量选择较大的电流量程,以降低万用表的内阻,减小对被测电路工作状态的影响;测量电压时,若电源内阻较高,则应尽量选择较大的电压量程,因为量程越大,内阻也越高。测直流电流时,应特别注意被测电路的正负极性。

(4)测量电压时,要准确判断被测电路两端电压的极性。若误用交流电压挡测量直流电压,则测量结果可能比实际直流电压要高或为零。若误用直流电压挡去测量交流电压,则表针不动,或微微抖动。被测电路两端电压大于100V时,应注意人身安全。要预先把一支表笔固定在被测电路的公共地端,用另一支表笔去碰触测试点;要养成单手操作的习惯。在测量高压时,必须使用带鳄鱼夹的高绝缘的表笔,以便固定,确保安全。

(5)在测量电阻时,要选择合适的量程挡,并一定要进行欧姆调零工作。要特别注意的是,每更换一次欧姆量程挡,都要重新调零一次。若连续使用 $R\times1$ 挡时间较长,则应随时重新调零。若欧姆调零电位器向右旋至最大,表针仍达不到零,即说明电池电压不足,应更换新电池。

切忌带电测量线路内元件的电阻,这样不但测量不出电阻阻值,还将烧坏万用表。应关掉电源,至少使元件一端与电路断开(对晶体三极管,至少断开两个电极),再进行测量。

测量电阻、电容时,切忌用两手捏住表笔两端金属部分和电阻或电容两引线部分,这样会使人体电阻与被测电阻或电容并联引起测量误差,尤其是高阻值电阻和小容量电容。

在测量大容量电解电容之前,应使正、负两极引线短路放电,以防止内存电荷放电打弯表针。

(6)在测量晶体管、电解电容等有极性的元器件等效电阻时,必须注意两表笔的极性。在电阻挡,正表笔接表内电池负极,而负表笔接表内电池正极。表笔接反,测量结果就不对。

(7)测量有感抗的电路中的电压时,应在关掉电源之前先把万用表断开,以防止由于自感现象产生的高压损坏万用表。

(8)万用表暂时不用,应把量程转换开关置于电压最高挡,以防下次使用时不慎损坏万用表。千万不能置于电阻挡,以防止两表笔短路,使表内电池消耗过快。万用表长期不用应取出电池,以防止电池存放过久变质,泄漏出的电解液腐蚀表内电路板及元器件。

第三节 交流毫伏表

当被测交流电压信号频率范围很宽,且数值变化很大时,可以用交流毫伏表测量。交流毫伏表是一种交流电压测量仪器,采用磁电式表头作为指示器,属于指针式仪表,是模拟式电子电压表。交流毫伏表与普通万用表比较有以下优点:输入阻抗高,一般输入电阻至少为500kΩ,当接入被测电路后,对电路的影响小;频率范围宽,约为几赫兹至几十亿赫兹;电压测量范围广,量程从1mV至几百伏;灵敏度高,可测量 μV 级电压信号。

一、交流毫伏表的工作原理

交流毫伏表通常由衰减器、检波电路、放大电路和指示电路四部分组成。被测电压先经衰减器衰减到适宜交流放大器输入的数值,再经交流电压放大器放大,最后经检波器检波,得到直流电压,由表头指示数值的大小。需要注意的是,交流毫伏表的面板是按正弦交流电压有效值进行刻度的,因此只能测量正弦交流电压的有效值,当测量非正弦电压时,其读数没有直接的意义。

二、交流毫伏表的使用方法

1. 面板控制键功能

(1)电源开关;

(2)输入接线端子:待测信号由此端输入,最好通过屏蔽线接至待测信号;

(3)量程选择旋钮:该旋钮用以选择仪表的满刻度值;

(4)机械调零螺丝:用于机械调零;

(5)电源指示灯。

2. 使用方法及注意事项

(1)准备工作。将毫伏表垂直放置在水平工作台上,在未接通电源的情况下,检查一下电表的指针是否在零位,若有偏差,则调节机械调零旋钮使指针指示为零。

(2)接通电源,进行电气调零。将输入线的两个接线端短接,并使量程开关处于合适挡位上,再调节电气调零旋钮使表头指针指示为零,然后断开两接线端进行测量。在使用中,每改变一次量程都应重新进行电气调零。有的毫伏表具有自校零功能,因此可以不进行电气调零。

(3)根据被测信号的大小选择合适的量程,无法预知被测量信号的大小时先用大量程挡,逐渐减小量程至合适挡位。

(4)凡量程为 1×10^n 的,读数时读从上往下数的第一根刻度线,凡量程为 3×10^n 的读第二根刻度线。

(5)毫伏表是不平衡式仪表,测试端的两个夹子是不同的,黑夹子必须接被测电路的公共地,红夹子接被测试点。接拆电路时注意顺序,测量时先接黑夹子,后接红夹子,测量完毕,先拆红夹子,后拆黑夹子。

(6)由于毫伏表的灵敏度很高,输入端感应的信号就能使表针满偏,因此不用时应将量程置于 3V 以上挡;测试过程中需要改换测试点时,应先将量程置于 3V 以上挡,然后移动红夹子,红夹子接好之后再选择合适的量程;使用完毕将量程置于 3V 以上挡后,再断开电源。

第四节　函数信号发生器

函数信号发生器实际上是一种多波形信号源,能产生正弦波、矩形波、三角波、锯齿波以及各种脉冲信号等波形,输出电压的大小和频率都能方便地进行调节。由于其输出波形均可以用数学函数描述,因而称为函数发生器。

目前,函数信号发生器的输出频率范围达到了 0.000 5Hz～50MHz,除了作为信号源使用外,一般的函数信号发生器都具有频率计数和显示功能,既能显示自身输出信号的频率也能测量外来信号的频率。有些函数信号发生器还具备调制和扫频等功能。

一、函数信号发生器的工作原理

如图 2-6 所示为函数信号发生器常用电路的原理图。虽然图中所示方波由三角波通过方波变换电路变换而成,实际电路中,三角波和方波的产生是难以分开的,方波形成电路通常是三角波发生器的组成部分。正弦波是三角波通过正弦波形成电路变换而来的。所需波形经过选取、放大后经衰减器输出。

直流偏置电路提供一个直流补偿调整,使函数信号发生器输出的直流成分可以进行调节,如图 2-7 所示为具有不同直流成分的方波。

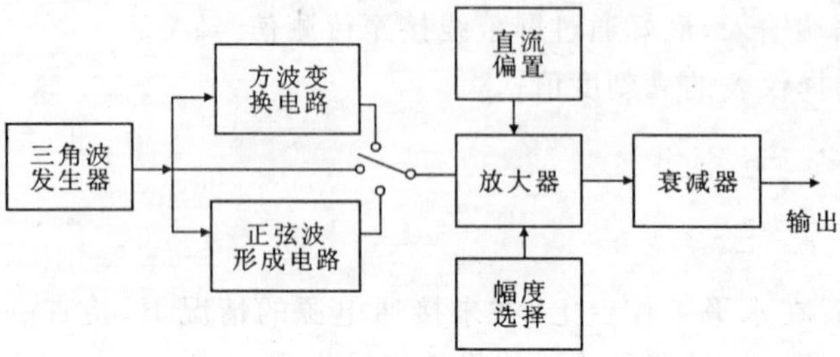

图 2-6 函数信号发生器的原理图

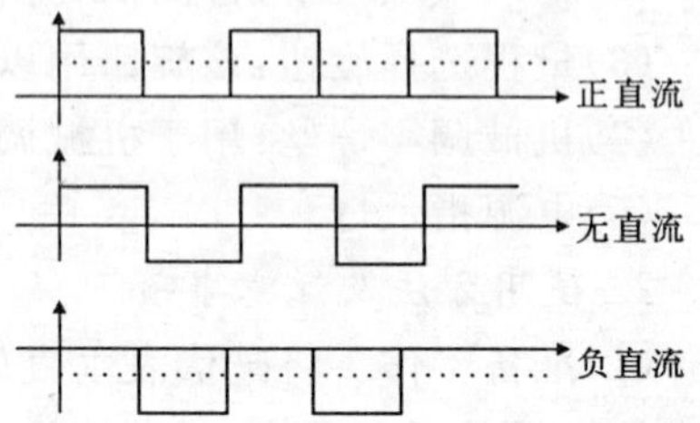

图 2-7 调节直流偏置对波形的影响

图 2-6 是函数信号发生器的主要结构原理图,除了图中示出的部分外,函数信号发生器一般都带有频率计数和显示电路,既可以显示自身输出信号的频率,也可以利用这部分电路测量外来信号的频率,即函数信号发生器可以当作频率计使用。此外,有些函数信号发生器为了将其输出的方波用作数字电路的时钟而设置了固定的 TTL 和 CMOS 输出电路。

二、函数信号发生器的使用方法

1. 面板控制键功能

各种品牌和型号的函数发生器面板结构大同小异,主要有如下几种。

(1)电源开关。

(2)信号输出接线端子。函数发生器产生的波形由此端输出,最好通过屏蔽线接至需用信号的电路。

(3)输出信号幅度调节旋钮。分粗调和微调,粗调通常用不同的按键选择衰减倍数实现,微调通过调整电位器实现。

(4)输出信号频率调节旋钮。分粗调和微调,粗调通常用不同的按键选择倍率实现,微调通过调整电位器实现。

(5)输出波形选择按钮。

(6)信号频率显示。选择“内测”,显示输出信号频率,选择“外测”,显示输入信号频率。

(7)信号峰-峰值显示。选择“内测”,显示输出信号峰-峰值,选择“外测”,显示输入信号峰—峰值。

(8)输入信号接线端子。函数信号发生器当作频率计使用时,待测信号自此端输入,此时,显示部分应选择“外测”。

另外,有些函数发生器还有直流偏移、占空比调节等旋钮,应阅读使用说明书,正确操作。

2. 使用方法

(1)检查电源电压是否满足仪器的要求(220±22V)。

(2)将占空比控制开关、电压输出衰减开关、电平控制开关、频率测量内/外开关均置于常态(未按下);波形选择开关按下某一键;频率范围选择开关按下某一键;输出幅度调节旋钮置于适中位置。

(3)将电压输出插座与示波器 Y 轴输入端相连。

(4)开启电源开关,LED 屏幕上有数字显示,示波器上可观察到信号的波形,此时说明函数信号发生器工作正常。

(5)按照所需要的信号频率,按下频率范围选择开关适当的按键,然后调节频率微调旋钮,通过 LED 屏上显示的频率观察,使频率符合要求为止。

(6)调节输出幅度调节旋钮,可改变输出电压的大小,首先选择适当的衰减倍数按键,再通过调整微调旋钮,通过 LED 屏上显示的输出大小观察,使幅度符合要求为止。

(7)若需输出信号具有某一大小的直流分量,则将电平控制开关按下,调节电平调节旋钮即可。若需调整信号的对称性或占空比,则应按下占空比/对称度选择开关,调节占空比/对称度调节旋钮,可使方波变为占空比可以变化的脉冲波,或者使三角波变为斜波。

(8)TTL 输出。由 TTL 输出端可以有方波或脉冲波输出,产生方法同上。输出信号的频率可以改变,而信号的高电平、低电平固定,分别是 3V 和 0V。

(9)外测频率。将需测量频率的外部信号接至外测信号输入插座,按下频率测量内/外开关,指示灯亮,此时 LED 屏幕上显示的数值即为被测信号的频率。

第五节　示波器

示波器是利用示波管内电子射线的偏转,在荧光屏上显示出电信号波形的仪器。它是一种综合性的电信号测试仪器。其主要特点是:不仅能显示电信号的波形,而且还可以测量电信号的幅度、周期、频率和相位等;测量灵敏度高、过载能力强;输入阻抗高。示波器种类很多,实验室中常用双踪通用示波器。双踪通用示波器可以通过两个通道同时输入两个信号进行测量比较。

一、双踪通用示波器面板和主要控制键功能

各种品牌和型号的双踪通用示波器面板结构大同小异,如图 2-8 所示。面板主要有以下控制键。

(1)电源开关(POWER):接通和切断仪器的电源。接通时,电源指示灯亮。

(2)辉度(INTENSITY):控制显示波形的亮度,顺调时波形变亮,反调则变暗。

(3)聚焦(FOCUS):改变显示波形的清晰度。

(4)校正信号(CAL):仪器内部提供峰-峰值为 0.5V 的 1kHz 方波,作为标准示波器的标准信号源。

(5)输入通道[CH1(X),CH2(Y)垂直输入端]:在 $X-Y$ 方式时选 CH1 作为 X 轴输入端,CH2 作为 Y 轴输入端,待测信号通过探头自此输入。

(6)输入衰减器(V/DIV):调整该旋钮,使荧光屏上显示波形幅度合适。微调顺时针旋至关闭时,垂直偏转灵敏度为面板上的指示值,可根据荧光屏上显示波形测量其幅度。

(7)扫描时间选择开关(T/DIV):调整该时基旋钮,使扫描频率合适,显示波形密度合

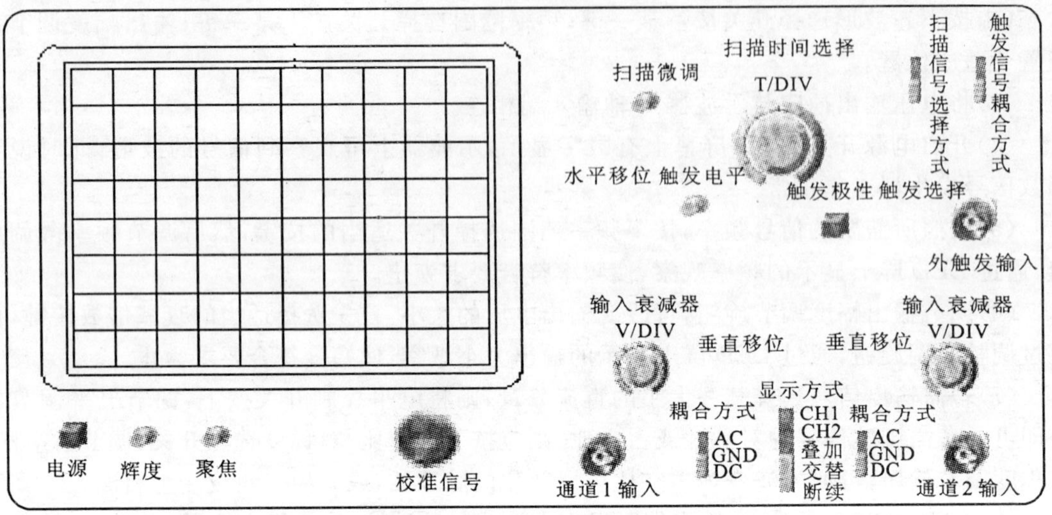

图 2-8 双踪通用示波器面板示意图

适且稳定，微调顺时针旋至关闭时，扫描时间为面板上的指示值，可根据荧光屏上显示波形测量其周期和频率。

(8)垂直方式选择开关(VERT MODE)：4 个互锁按键开关，可选择 5 种不同的工作方式，置 CH1 和 CH2 时单踪显示，置 ALT 时交替显示，置 ADD 时 CH1＋CH2 显示，置 CHOP 时断续显示。

(9)触发源选择开关(SOURCE)：置 CH1 时选 CH1 作为内触发信号，置 CH2 时选 CH2 作为内触发信号；置 LINE 时选市电作为触发信号；置 EXT 时选 EXT TRIG 信号作为外触发信号。

(10)触发信号耦合方式开关(COUPLING)：置 AC 时，交流耦合，置 DC 时，直流耦合，置 HFRJ 时，交流耦合并抑制 50kHz 以上的高频信号。

(11)扫描方式选择开关(SWEEP MODE)：置 AUTO 时，自动扫描，当无触发信号时，扫描电路处于自激状态，形成连续扫描，置 NORM 时，触发扫描，当无触发信号时，扫描电路处于等待状态，无扫描线，置 SINGLE 时，单次扫描。

(12)移位旋钮(POSITION)：调节光标在荧光屏上的位置，X 移位水平调整，Y 移位垂直调整。

二、双踪通用示波器的使用方法

1. 基本操作要点

(1)显示水平扫描基线。将示波器输入耦合开关置于接地(GND)，垂直工作方式开关置于交替(ALT)，扫描方式置于自动(AUT)，扫描时间选择基开关置于 0.5ms，此时在屏幕上应出现两条水平扫描基线。如果没有，可能原因是辉度太暗，或是垂直、水平位移不当，应加以适当调节。

(2)用本机校准信号检查。将通道 1 输入端由探头接至校准信号输出端，按表 2-1 所示调节面板上开关、旋钮，此时在屏幕上应出现一个周期性的方波。如果波形不稳定，可调节触发电平（LEVEL）旋钮。若探头采用1：1，则波形在垂直方向应占5格，波形的一个周期在水平方向应占两格，此时说明示波器的工作基本正常。

（3）观察被测信号。将被测信号接至通道1输入端（若需同时观察两个被测信号，则分别接至通道1、通道2输入端），面板上开关、旋钮位置参照表2-1，且适当调节V/DIV、T/DIV、LEVEL等旋钮，使在屏幕上显示稳定的被测信号波形。

表2-1　用标准信号检查时，开关按钮的位置

控制键名称	作用位置	控制键名称	作用位置
亮度	中间	输入耦合方式	AC
聚焦	中间	扫描方式	自动
位移（3个）	中间	触发极性	自动
垂直工作方式	CH1	扫描时间	0.5ms
输入衰减器	0.1V	触发源	CH1
水平微调旋钮	顺时针到底		

三、测量

1. 电压测量

在测量时应把垂直微调旋钮顺时针旋至校准位置，这样可以按“V/DIV”的指示值计算被测信号的电压大小。

由于被测信号一般含有交流和直流两种分量，因此在测试时应根据下述方法操作。

（1）交流电压的测量。当只测量被测信号的交流分量时，应将Y轴输入耦合开关置AC位置，调节“V/DIV”开关，使屏幕上显示的波形幅度适中，调节Y轴位移旋钮，使波形显示值便于读取。根据“V/DIV”的指示值和波形在垂直方向的高度H(DIV)，便可计算出被测交流电压的峰-峰值。假设“V/DIV”的指示值为0.1V，波形在垂直方向的高度H(DIV)为5，则被测交流电压为峰-峰值$U_{pp}=0.1\times5=0.5$V。

如果使用的探头置于10：1位置，则应将该值乘10。

（2）直流电压的测量。当需要测量被测信号的直流分量和含直流分量的电压时，应先将Y轴输入耦合方式开关置于GND位置，扫描方式开关置于AUTO位置，调节Y轴位移旋钮使扫描基线在某一合适的位置上，此时扫描线即为零电平基准线，再将Y轴输入耦合方式开关转到DC位置。

根据波形偏离零电平基准线的垂直距离H(DIV)及“V/DIV”的指示值，可以算出直流电压的数值，假设H(DIV)为6，“V/DIV”的指示值为0.05V，则直流电压的数值$V=6\times0.05=0.3$V。

2. 时间测量

对信号的周期或信号任意两点间的时间参数进行测量时，首先水平微调旋钮必须顺时针旋至校准位置。然后调节有关旋钮，显示出稳定的波形，再根据信号的周期或需测量的两点间的水平距离D(DIV)，以及“T/DIV”开关的指示值，便可计算出其周期或时间。

当需要观察信号的某一细节（如快跳变信号的上升或下降时间）时，可将水平微调旋钮拉出，使显示的距离在水平方向得到5倍的扩展，此时测量的时间必须在原有基础上再除以5。

①周期的测量。如波形完成一个周期，(A、B)两点间的水平距离D(DIV)为8，T/DIV设置在2ms，则周期为

$$T=8\times2=16\text{ms}$$

②脉冲上升时间的测量。如波形上升沿的10%处(A点)至90%处(B点)的水平距离D(DIV)为1.8，"T/DIV"置于1μs，水平微调"×5"旋钮被拉出，那么可计算出上升时间为

$$t_r=\frac{1\times1.8}{5}=0.36\mu\text{s}$$

若测得结果t_r与示波器上升时间t_s(本机为17.5ns)相接近，则信号的实际上升时间应按下式求得：

$$t_r'=\sqrt{t_r^2-t_s^2}$$

③脉冲宽度的测量。如波形上升沿50%处至下降沿50%处之间的水平距离D(DIV)为5，"T/DIV"开关置于0.1ms，则脉冲宽度为

$$T_p=0.1\times5=0.5\text{ms}$$

④两个相关信号时间差的测量。将触发源选择开关置于作为测量基准的通道，根据两个相关信号的频率，选择合适的扫描速度(扫描时基因数的倒数)，且根据扫描速度的快慢，将垂直工作方式开关置于ALT(交替)或CHOP(断续)位置，双踪通用示波器显示出信号波形。如"T/DIV"置于50μs，两测量水平距离D(DIV)为3，则时间差为

$$t=50\times3=150\mu\text{s}$$

3. 频率测量

对于周期性信号的频率测量，可先测出该信号的周期T，再根据公式

$$f=1/T$$

计算出频率的数值。式中：f为频率(Hz)，T为周期(s)。

4. 测量两个同频信号的相位差

将触发源选择开关置于作为测量基准的通道，采用双踪通用示波器，在屏幕上显示出两个信号的波形。由于一个周期是360°，因此根据信号一个周期在水平方向上的长度L(DIV)，以及两个信号波形上对应点(A、B)间的水平距离D(DIV)，由下式可计算出两信号间的相位差：

$$\varphi=\frac{360°}{L}\times D$$

通常为读数方便起见，可调节水平微调旋钮，使信号的一个周期占9(DIV)，那么每格表示的相角为40°，相位差为：

$$\varphi=40°\times D$$

四、双踪通用示波器使用注意事项

(1)使用前，应检查电网电压是否与仪器要求的电源电压一致。

(2)显示波形时，亮度不宜过亮，以延长示波管的寿命。若中途暂时不观察波形，应将亮度调低。

(3)定量观察波形时，应尽量在屏幕的中心区域进行，以减小测量误差。

(4)被测信号电压(直流加交流的峰值)的数值不应超过示波器允许的最大输入电压。

(5)调节各种开关、旋钮时，不要过分用力，以免损坏。

(6)探头和示波器应配套使用，不能互换，否则可能导致误差或波形失真。

第三章 Multisim计算机仿真技术

第一节 NI Multisim 10 系统简介

NI Multisim 10 是美国国家仪器公司(NI,National Instruments)推出的 Multisim 最新版本。Multisim 10 用软件的方法虚拟电工电子元器件和电工电子仪器仪表,通过软件将元器件和仪表集合为一体,完成从电路的仿真设计到电路版图生成的全过程。

特点如下:

(1) NI Multisim 10 的元器件库有着丰富的元器件;

(2) NI Multisim 10 虚拟仪器仪表种类齐全;

(3) NI Multisim 10 具有强大的电路分析能力,有时域和频域分析、离散傅里叶分析、电路零极点分析、交直流灵敏度分析等电路分析方法;

(4) NI Multisim 10 提供丰富的 Help 功能。

一、Multisim的基本界面

Multisim 的主窗口:

点击"开始"→"程序"→"National Instruments"→"Circuit Design Suite 10.0"→"Multisim",启动 Multisim 10,可以看到图 3-1 所示的 Multisim 的主窗口。它由菜单栏、工具栏、元器件库栏和编辑窗口组成。

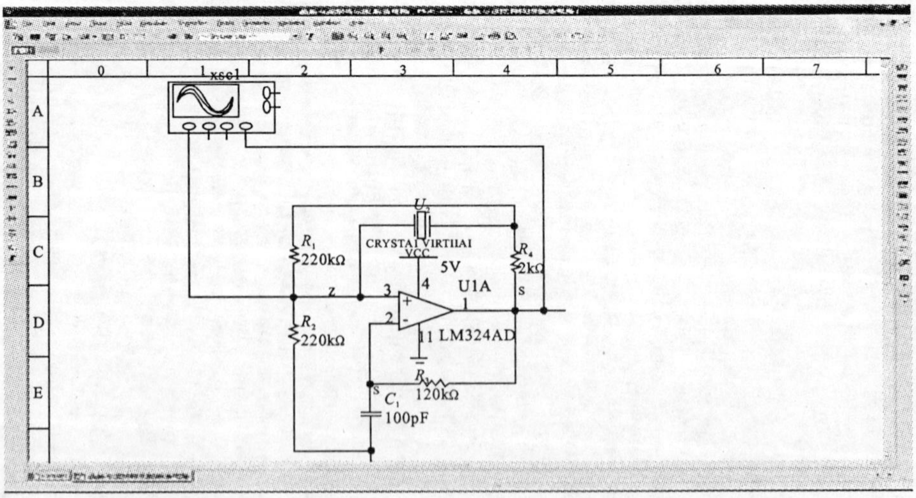

图 3-1 Multisim 的主窗口

1. Multisim 菜单栏

Multisim 10 有 12 个主菜单，如图 3－2 所示，它与所有的 Windows 应用程序一样，可以在主菜单中找到各个功能的命令。在每个主菜单下都有一个下拉菜单，用户可以从中找到文件的存取、电路图的编辑、仿真、分析以及在线帮助等各项功能的命令。

图 3－2　菜单栏

2. Multisim 工具栏

Multisim 工具栏如图 3－3 所示。里面包含的设计工具栏是 Multisim 10 的核心部分，使你能够容易地运行程序所提供的各种复杂功能。它将指导你按部就班地进行电路的建立、仿真、分析，并最终输出设计数据。

图 3－3　工具菜单栏

3. Multisim 的元器件库

Multisim 10 提供了丰富的元器件库，如图 3－4 所示。用鼠标左键单击元器件库栏的某一个图标即可打开该元件库。

图 3－4　元器件库栏菜单

4. Multisim 的仪器仪表

仪器仪表库如图 3－5 所示，仪器仪表栏是进行虚拟电子实验和电子设计仿真最快捷而又形象的特殊窗口，也是 Multisim 10 最有特色的地方。

图 3－5　仪器仪表库栏

二、Multisim 的基本操作

1. 文件(File)的基本操作

与 Windows 一样,用户可以用鼠标或快捷键打开 Multisim 的 File 菜单。使用鼠标可按以下步骤打开 File 菜单:①将鼠标器指针指向主菜单 File 项;②单击鼠标左键,此时,屏幕上出现 File 子菜单。Multisim 的大部分功能菜单。也可以采用相应的快捷键进行快速操作。

2. 编辑(Edit)的基本操作

编辑(Edit)菜单是 Multisim 用来控制电路及元器件的菜单。选中元器件,用鼠标单击 Edit→Properties 选项或进行"Ctrl+M"操作,弹出该元器件的特性对话框,用鼠标双击所选元器件也可以。其对话框中的选项与所选的元器件类型有关。使用该对话框,可对元器件的标签、编号、数值、模型参数等进行设置与修改。

3. 创建子电路(Place →New Subcircuit)

子电路是由用户自己定义的一个电路(相当于一个电路模块),可存放在自定元器件库中供电路设计时反复调用。利用子电路可使大型的、复杂系统的设计模块化、层次化,从而提高设计效率与设计文档的简洁性、可读性,实现设计的重用,缩短产品的开发周期。

Place 操作中的子电路(New Subcircuit)菜单选项,可以用来生成一个子电路。子电路的创建步骤如下。

(1)首先在电路工作区连接好一个电路,如图 3-6 所示。

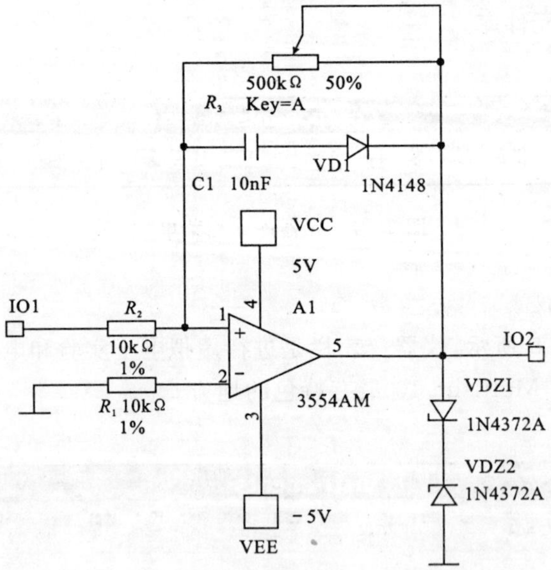

图 3-6 电路图

(2)用拖框操作(按住鼠标左键,拖动)将电路选中,这时框内元器件全部被选中。用鼠标器单击 Place→New Subcircuit 菜单选项,即出现子电路对话框,如图 3-7 所示。

(3)输入电路名称如 FZ(最多为 8 个字符,包括字母与数字)后,用鼠标单击"OK"选

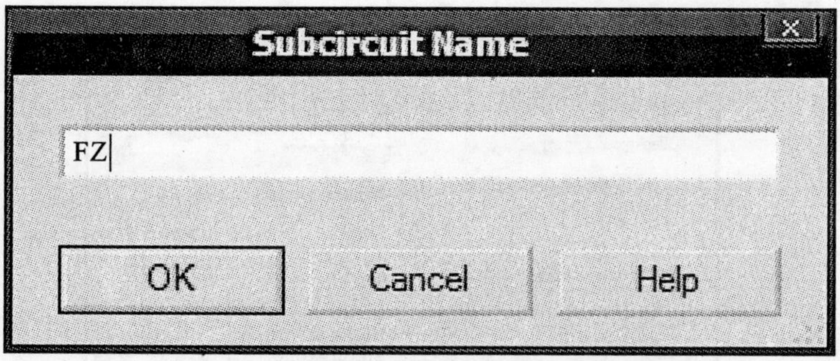

图 3-7　Subcircuit 菜单选项对话框

项，生成一个子电路图标。

(4)用鼠标单击 File→Save 选项或用"Ctrl＋S"操作，可以保存生成的子电路。用鼠标单击 File→Save As 选项，可将当前子电路文件换名保存。

5. 在电路工作区内输入文字(Place→Text)

为加强对电路图的理解，在电路图中的某些部分添加适当的文字注释有时是必要的。在 Multisim 的电路工作区内可以输入中英文文字，其基本步骤为：启动 Place 菜单中的 Text 命令(Place→Text)，然后用鼠标点击需要放置文字的位置，可以在该处放置一个文字块，如图 3-8 所示(注意：如果电路窗口背景为白色，则文字输入框的黑边框是不可见的)。可在文字输入框中输入所需要的文字，也可根据需要改变文字的颜色，或对文字进行移动和删除。

图 3-8　文字输入框

5. 输入注释(Place→Comment)

利用注释描述框输入文本可以对电路的功能、使用说明等进行详尽的描述，并且在需要查看时可打开，不需要时关闭，不占用电路窗口空间。注释描述框的操作很简单，写入时，启动 Place 菜单中的 Comment 命令(Place→Comment)，打开如图 3-9 所示的对话框，在其中输入需要说明的文字，可以保存和打印所输入的文本。

6. 编辑图纸标题栏(Place→Title Block)

鼠标点击 Place 菜单中的 Title Block(Place→Title Block)则打开一个标题栏文件选择对话框，如图 3-10 所示，在标题栏文件中包括 10 个可选择的标题栏文件。

选择了标题栏文件后，双击鼠标可以打开标题栏设置对话框，可以编辑修改标题栏内容，编辑完毕点击"OK"即可。

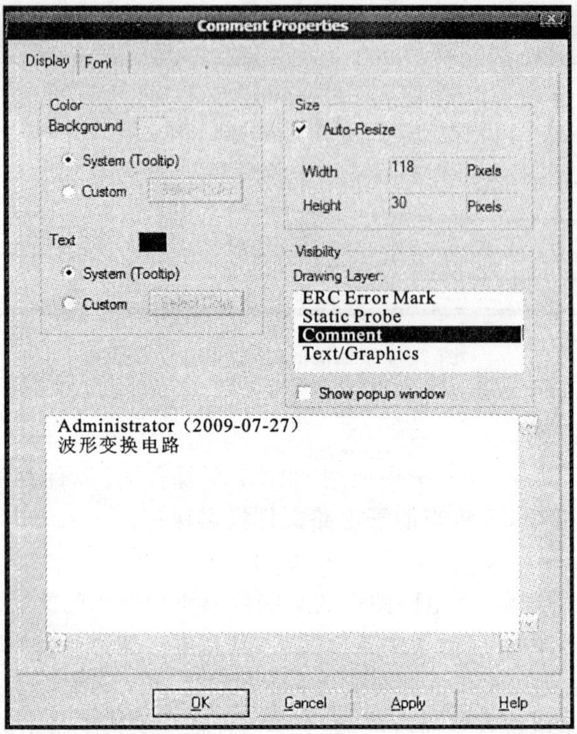

图 3-9 Comment 命令对话框

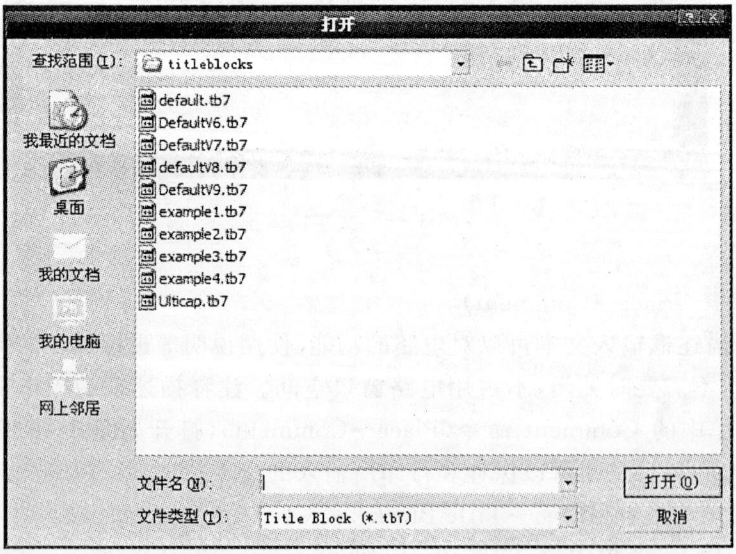

图 3-10 标题栏文件选择对话框

三、电路创建的基础

(一)元器件的操作

1. 元器件的选用

选用元器件时，首先在元器件库栏中用鼠标点击包含该元器件的图标，打开该元器件库。然后从选中的元器件库对话框中(图 3－11)，用鼠标点击该元器件，然后点击“OK”，用鼠标拖曳该元器件到电路工作区的适当位置即可。

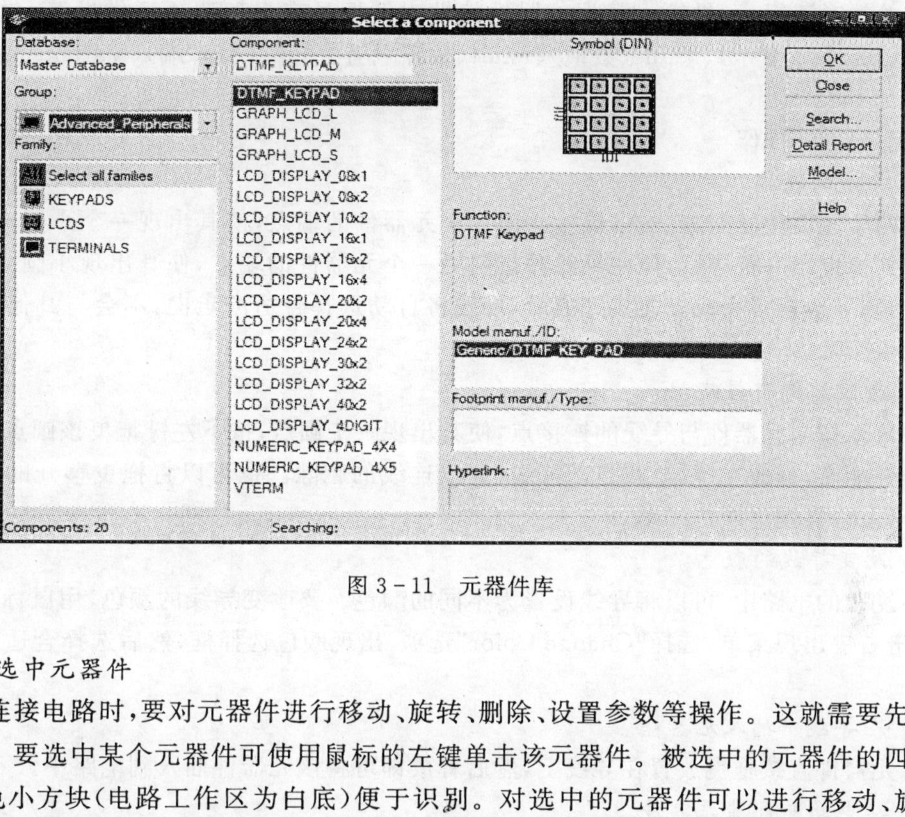

图 3－11　元器件库

2. 选中元器件

在连接电路时，要对元器件进行移动、旋转、删除、设置参数等操作。这就需要先选中该元器件。要选中某个元器件可使用鼠标的左键单击该元器件。被选中的元器件的四周出现4个黑色小方块(电路工作区为白底)便于识别。对选中的元器件可以进行移动、旋转、删除、设置参数等操作。用鼠标拖曳形成一个矩形区域，可以同时选中在该矩形区域内包围的一组元器件。要取消某一个元器件的选中状态，只需单击电路工作区的空白部分即可。

3.元器件的移动

用鼠标的左键点击该元器件(左键不松手)，拖曳该元器件即可移动该元器件。要移动一组元器件，必须先用前述的矩形区域方法选中这些元器件，然后用鼠标左键拖曳其中的任意一个元器件，则所有选中的部分就会一起移动。元器件被移动后，与其相连接的导线就会自动重新排列。选中元器件后，也可使用箭头键使之作微小的移动。

4. 旋转与反转

对元器件进行旋转或反转操作时，需要先选中该元器件，然后单击鼠标右键或者选择菜单 Edit，选择菜单中的“Flip Horizontal”(将所选择的元器件左右旋转)、“Flip Vertical”(将所选择的元器件上下旋转)、“90 Clockwise”(将所选择的元器件顺时针旋转 90°。)、“90

CounterCW"(将所选择的元器件逆时针旋转 90°)等菜单栏中的命令。也可使用 Ctrl 键实现旋转操作。Ctrl 键的定义标在菜单命令的旁边。

5. 元器件的复制、删除

对选中的元器件进行复制、移动、删除等操作,可以单击鼠标右键或者使用菜单 Edit→Cut(剪切)、Edit→Copy(复制)和 Edit→Paste(粘贴)、Edit→Delete(删除)等菜单命令实现元器件的复制、移动、删除等操作。

6. 元器件标签、编号、数值、模型参数的设置

在选中元器件后,双击该元器件,或者选择菜单命令 Edit→Properties(元器件特性)会弹出相关的对话框,可供输入数据。器件特性对话框具有多种选项可供设置,包括 Label(标识)、Display(显示)、Value(数值)、Fault(故障设置)、Pins(引脚端)、Variant(变量)等内容。

(二)导线的操作

1. 导线的连接

在两个元器件之间,首先将鼠标指向一个元器件的端点,使其出现一个小圆点,按下鼠标左键并拖曳出一根导线,拉住导线并指向另一个元器件的端点,使其出现小圆点,释放鼠标左键,则导线连接完成。连接完成后,导线将自动选择合适的走向,不会与其他元器件或仪器发生交叉。

2. 连线的删除与改动

将鼠标指向元器件与导线的连接点,使其出现一个圆点,按下左键拖曳该圆点使导线离开元器件端点,释放左键,导线自动消失,完成连线的删除。也可以将拖曳移开的导线连至另一个接点,实现连线的改动。

3. 改变导线的颜色

在复杂的电路中,可以将导线设置为不同的颜色。要改变导线的颜色,用鼠标指向该导线,点击右键出现菜单,选择"Change Color"选项,出现颜色选择框,然后选择合适的颜色即可。

4. 在导线中插入元器件

将元器件直接拖曳放置在导线上,然后释放即可将该元器件插入到电路中。

5. 从电路中删除元器件

选中该元器件,按下 Edit→Delete 即可,或者点击右键出现菜单,选择"Delete"即可。

6. "连接点"的使用

"连接点"是一个小圆点,点击 Place Junction 可以放置节点。一个"连接点"最多可以连接来自 4 个方向的导线,可以直接将"连接点"插入连线中。

7. 节点编号

在连接电路时,Multisim 自动为每个节点分配一个编号。是否显示节点编号可由 Options→Sheet Properties 对话框的 Circuit 选项设置。RefDes 选项可以选择是否显示连接线的节点编号。

(三)输入/输出端

用鼠标点击 Place 菜单中的 Connectors 选项(Place →Connectors)即可取出所需要的一个输入/输出端 。在电路控制区中,输入/输出端可以看作是只有一个引脚的元器件,所

有操作方法与元器件相同。不同的是输入/输出端只有一个连接点。

四、仪器仪表的使用

(一)仪器仪表的基本操作

Multisim 的仪器库存放有数字多用表、函数信号发生器、示波器、波特图仪、数字信号发生器、逻辑分析仪、逻辑转换仪、瓦特表、失真度分析仪、网络分析仪、频谱分析仪 11 种仪器仪表可供使用,仪器仪表以图标方式存在,每种类型有多台。

1. 仪器的选用与连接

(1)仪器选用:从仪器库中将所选用的仪器图标,用鼠标将它“拖放”到电路工作区即可,类似元器件的拖放。

(2)仪器连接:将仪器图标上的连接端(接线柱)与相应电路的连接点相连,连线过程类似元器件的连线。

2. 仪器参数的设置

(1)双击仪器图标打开仪器面板,用鼠标操作仪器面板上相应按钮及参数设置对话窗口来设置仪器仪表参数。

(2)在测量或观察过程中,可以根据测量或观察结果来改变仪器仪表参数的设置,如示波器、逻辑分析仪等。

(二)数字多用表(Multimeter)

数字多用表是一种可以用来测量交直流电压、交直流电流、电阻及电路中两点之间的分贝损耗,自动调整量程的数字显示的多用表。用鼠标双击数字多用表图标,可以放大数字多用表面板,如图 3－12 所示。用鼠标单击数字多用表面板上的“设置(Settings)”按钮,则弹出参数设置对话框窗口,可以设置数字多用表的电流表内阻、电压表内阻、欧姆表电流及测量范围等参数。参数设置对话框如图 3－13 所示。

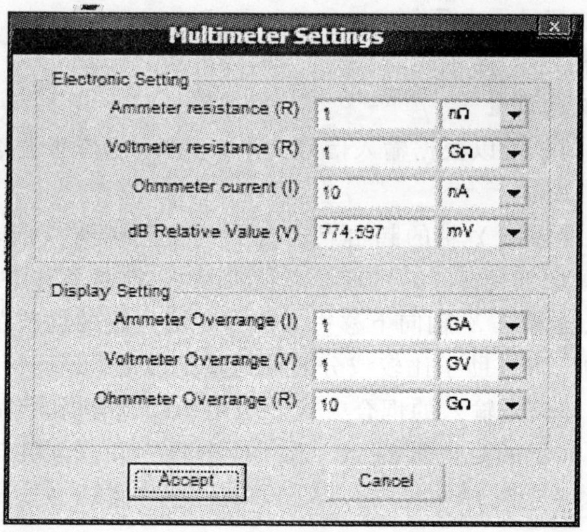

图 3－12　数字多用表面板

图 3－13　参数设置对话框

(三)函数信号发生器(Function Generator)

函数信号发生器是可提供正弦波、三角波、方波 3 种不同波形信号的电压信号源。函数信号发生器的面板如图 3-14 所示。用鼠标双击函数信号发生器图标,可以放大函数信号发生器的面板。

函数信号发生器的输出波形、工作频率、占空比、幅度和直流偏置,可用鼠标来选择波形选择按钮和在各窗口设置相应的参数来实现。频率设置范围为 $1\sim999\times10^{12}$ Hz,占空比调整值为 1%～99%,幅度设置范围为 0.000 001～999kV,偏移设置范围为－999～999kV。

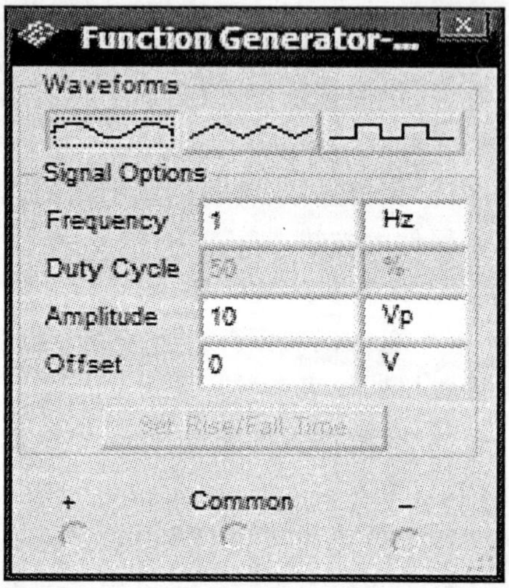

图 3-14 函数信号发生器参数设置窗口

(四)示波器(Oscilloscope)

示波器是用来显示电信号波形的形状、大小、频率等参数的仪器。用鼠标双击示波器图标,放大的示波器的面板图如图 3-15 所示。示波器的设置与实际的示波器类似。

1. 时基(Time base)控制部分的调整

(1)时间基准。X 轴刻度显示示波器的时间基准,其基准为 0.1fs/Div～1000Ts/Div 可供选。

(2)X 轴位置控制。X 轴位置控制 X 轴的起始点。当 X 的位置调到 0 时,信号从显示器的左边缘开始,正值使起始点右移,负值使起始点左移。X 位置的调节范围从－5.00～5.00。

(3)显示方式选择。示波器的显示,可以从"幅度/时间(Y/ T)"切换到"A 通道/B 通道(A/B)"、" B 通道/A 通道(B/A)" 或"Add"方式。

① Y/T 方式。X 轴显示时间,Y 轴显示电压值。

② A/ B、B/ A 方式。X 轴与 Y 轴都显示电压值。

③ Add 方式。X 轴显示时间,Y 轴显示 A 通道、B 通道的输入电压之和。

2. 示波器输入通道(Channel A/B)的设置

(1)Y 轴刻度。Y 轴电压刻度值的大小可以根据输入信号大小来选择,使信号波形在示波器显示屏上显示出合适的幅度。

(2)Y 轴位置(Yposition)。Y 轴位置控制 Y 轴的起始点。当 Y 的位置调到 0 时,Y 轴的起始点与 X 轴重合,如果将 Y 轴位置增加到 1.00,Y 轴原点位置从 X 轴向上移一大格,若将 Y 轴位置减小到－1.00,Y 轴原点位置从 X 轴向下移一大格。Y 轴位置的调节范围从－3.00～3.00。改变 A、B 通道的 Y 轴位置有助于比较或分辨两通道的波形。

(3)Y 轴输入方式。Y 轴输入方式即信号输入的耦合方式。当用 AC 耦合时,示波器显示信号的交流分量。当用 DC 耦合时,显示的是信号的 AC 和 DC 分量之和。当用 0 耦合时,在 Y 轴设置的原点位置显示一条水平直线。

3. 触发方式(Trigger)调整

(1)触发信号选择。触发信号选择一般选择自动触发(Auto)。选择"A"或"B",则用相应通道的信号作为触发信号。选择"EXT",则由外触发输入信号触发。选择"Sing"为单脉

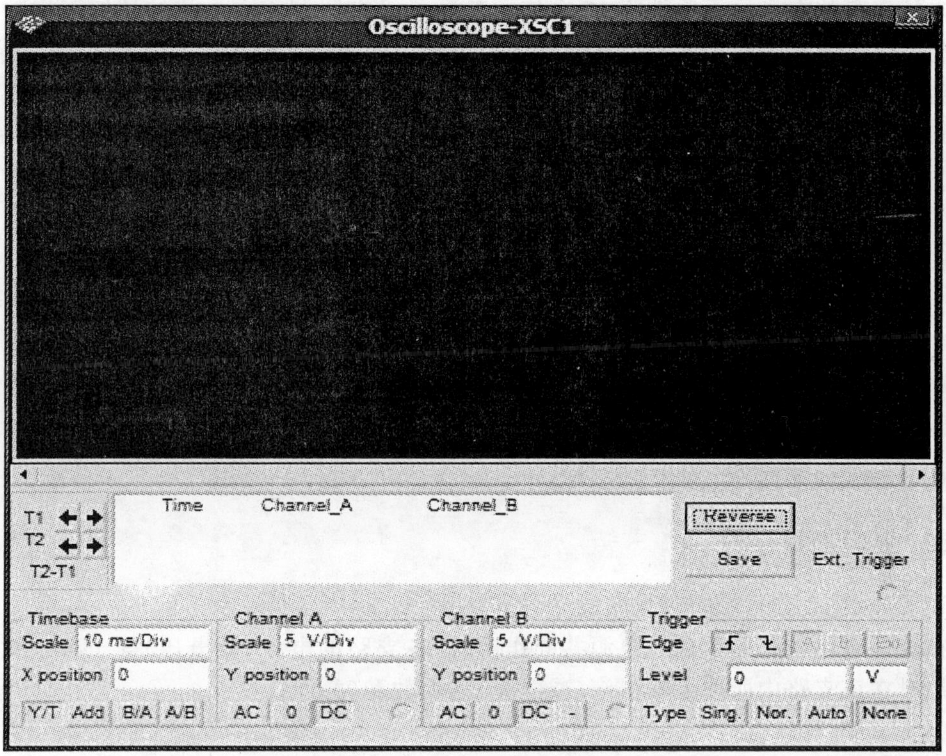

图 3-15　示波器的面板图

冲触发。选择"Nor"为一般脉冲触发。

(2)触发沿(Edge)选择。触发沿(Edge)可选择上升沿或下降沿触发。

(3)触发电平(Level)选择。触发电平(Level)选择触发电平范围。

4. 示波器显示波形读数

要显示波形读数的精确值时,可用鼠标将垂直光标拖到需要读取数据的位置。显示屏幕下方的方框内,显示光标与波形垂直相交点处的时间和电压值,以及两光标位置之间的时间、电压的差值。

用鼠标单击"Reverse"按钮可改变示波器屏幕的背景颜色。用鼠标单击"Save"按钮可按 ASCII 码格式存储波形读数。

(五)电压表(Voltmeter)

电压表存放在指示元器件库中,在使用时数量没有限制。点击旋转按钮可以改变其引出线的方向。电压表用来测量电路中两点间的电压。测量时,将电压表与被测电路的两点并联。电压表交、直流工作模式及其他参数设置,可通过双击电压表图标,弹出电压表参数对话框设置。电压表预置的内阻很高,在 1MΩ 以上。然而,在低电阻电路中使用极高内阻电压表,仿真时可能会产生错误。电压表特性对话框具有多种选项可供设置,包括 Label(标识)、Models(模型)、Value(数值)、Fault(故障设置)、Display(显示)内容的设置,设置方法与元器件中标签、编号、数值、模型参数的设置方法相同。

(六)电流表(Amperemeter)

电流表存放在指示元器件库中,在使用时数量没有限制。点击旋转按钮可以改变其引出线的方向。电流表用来测量电路回路中的电流。测量时将它串联在被测电路回路中。双击电流表图标,弹出电流表参数对话框。电流表特性对话框具有多种选项可供设置,包括Label(标识)、Models(模型)、Value(数值)、Fault(故障设置)、Display(显示)内容的设置。设置方法与元器件中标签、编号、数值、模型参数的设置方法相同。

第二节　电路仿真实例分析

叠加原理实验

一、实验目的

理解和掌握线性网络的叠加原理。

二、实验原理

1. *叠加原理*

在线性电路中有几个独立电源共同作用时,各支路的电流(或电压)等于各独立电源单独作用时在该支路中所产生的电流(或电压)的代数和(叠加)。

2. *理论计算*

计算节点"2"的电压:

(1)根据叠加原理计算节点"2"的电压。

第一步,短路 U_{s2},电路如图 3-17 所示。先计算节点"1"的电压 V_1':

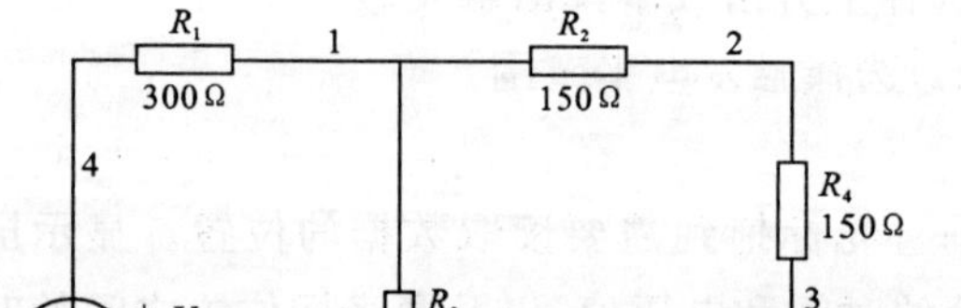

图 3-16　叠加原理实验电路

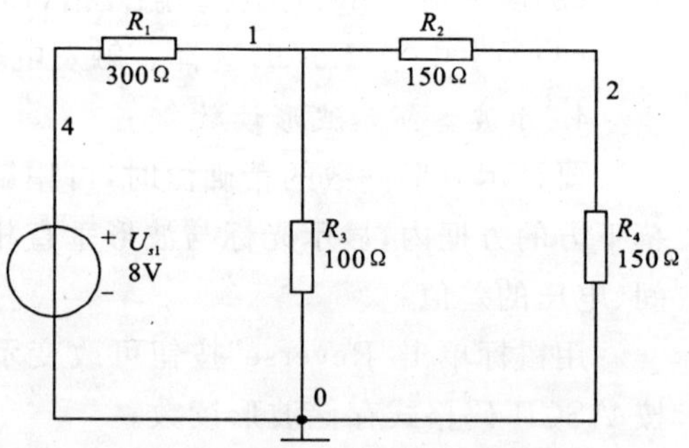

图 3-17　仅 U_{s1} 单独作用的电路

$$V_1'=\frac{U_{s1}}{\dfrac{(R_2+R_4)\times R_3}{(R_2+R_4)+R_3}+R_1}\times\frac{(R_2+R_4)\times R_3}{(R_2+R_4)+R_3}$$

$$=\frac{8}{\dfrac{(150+150)\times 100}{(150+150)+100}+300}\times\frac{(150+150)\times 100}{(150+150)+100}$$

$=1.6(V)$

再计算节点“2”的电压 V'_2：

$$V'_2=\frac{R_4}{R_2+R_4}\times V'_1=0.8(V)$$

第二步，短路 U_{s1}，电路如图 3－18 所示，计算节点“2”的电压 V''_2：

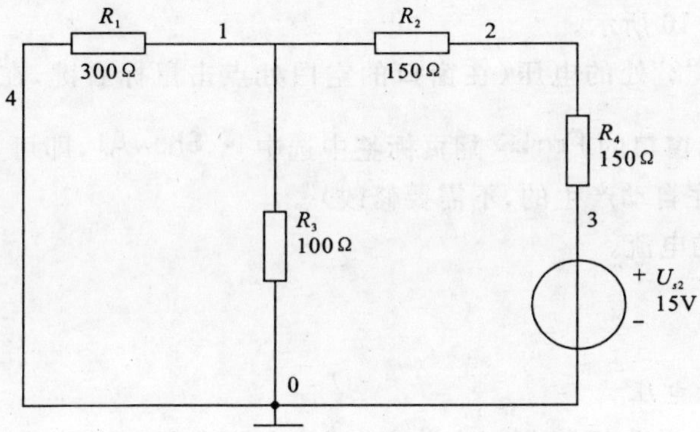

图 3－18　U_{s2}单独作用的电路

$$V''_2=\frac{U_{s2}}{\frac{R_1\times R_3}{R_1+R_3}+R_2+R_4}\times\left(\frac{R_1\times R_3}{R_1+R_3}+R_2\right)$$

$$=\frac{15}{\frac{300\times 100}{300+100}+150\times 150}\times(\frac{300\times 100}{300+100}+150)$$

$=9(V)$

第三步，U_{s1} 和 U_{s2} 共同作用时，节点“2”的电压 V_2：

$$V_2=V'_2+V''_2=0.8+9=9.8(V)$$

(2)根据叠加原理计算通过 R_3 的电流。

前面已经计算出 U_{s1} 单独作用时的节点“1”的电压 V'_1 为 1.6V，那么，通过 R_3 的电流 I'_1 为

$$I'_1=\frac{V'_1}{R_3}=\frac{1.6}{100}=16(mA)$$

U_{s2} 单独作用时，节点“1”的电压为 V''_1，

$$V''_1=\frac{V''_2}{\frac{R_1\times R_3}{R_1+R_3}+R_2}\times\frac{R_1\times R_3}{R_1+R_3}$$

$$=\frac{9}{\frac{300\times 100}{300+100}+150}\times\frac{300\times 100}{300+100}$$

$=3(V)$

那么 U_{s2} 单独作用时，通过 R_3 的电流 I''_1 为

$$I_1'' = \frac{V_1''}{R_3} = \frac{3}{100} = 30(\text{mA})$$

U_{s1}和U_{s2}共同作用(叠加)时,通过R_3的电流I_1为

$$I_1 = I_1' + I_1'' = 16 + 30 = 46(\text{mA})$$

三、实验电路

实验电路如图 3-16 所示。

(1)要求测试节点"2"处的电压(在窗口的空白处点击鼠标右键,在弹出式菜单中选择 Properties ,在弹出窗口的 Circuit 翻页标签中选中 Show All ,即可显示节点,它是绘图时计算机根据连接顺序自动产生的,不需要修改)。

(2)测试通过R_3的电流。

四、实验及仿真

1. 测试节点"2"的电压

(1)根据叠加原理,首先短路U_{s2},在节点"2"接电压表U_1,如图 3-19 所示,U_{s1}单独作用的仿真结果也示于图中。同理,可仿真U_{s2}单独作用的结果,如图 3-20 所示。

按叠加原理叠加(代数和),那么节点"2"的电压

$$V_2 = 0.8 + 9 = 9.8(\text{V})$$

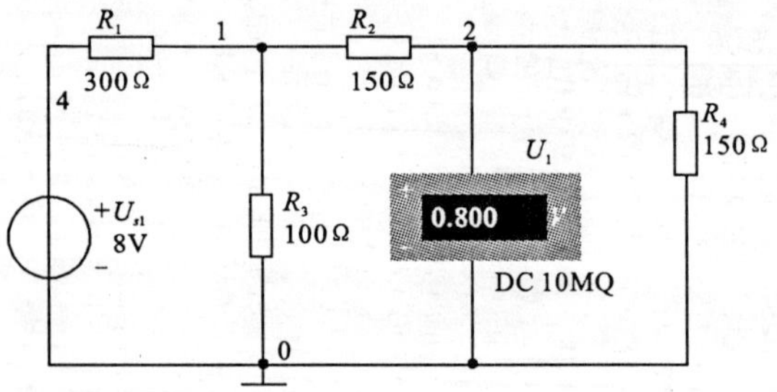

图 3-19 U_{s1}单独作用的结果

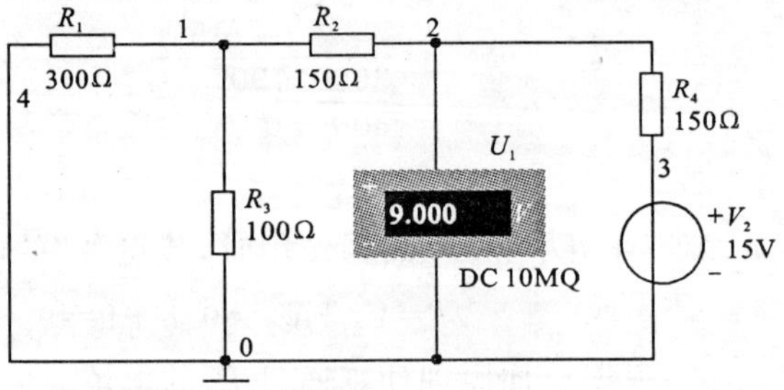

图 3-20 U_{s2}单独作用的结果

(2)下面直接测量U_{s1}、U_{s2}同时作用时,节点"2"的电压如图 3-21 所示,仿真结果示于图中,仿真结果可直接读出。

(3)结果分析。

通过理论计算结果与仿真实验结果的比较看出,结果相符。

2. 直接测量通过R_3的电流

添加仪表后电路如图 3-22 所示,其仿真结果也示于图中。

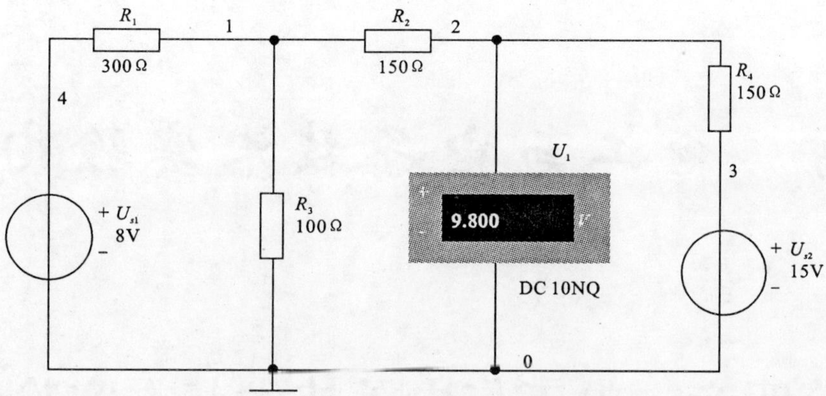

图 3－21　U_{s1}、U_{s2}共同作用的结果

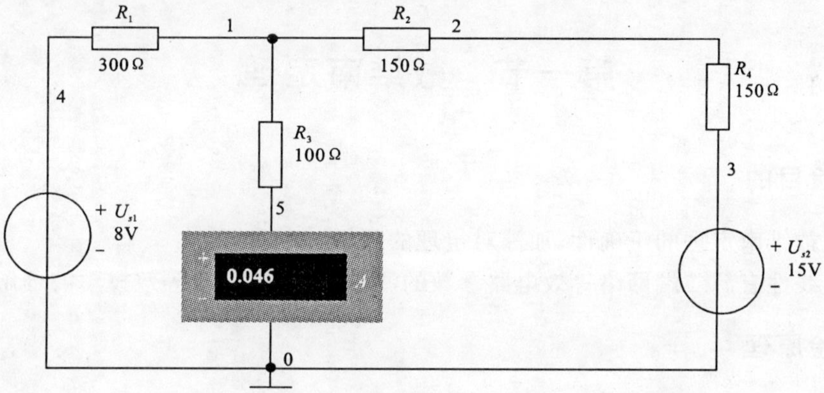

图 3－22　测量通过 R_3 的电流

结论：从图 3－22 中可以看出，其仿真结果与理论计算结果相符。

下篇　电工与电子技术实验内容

第四章　电工与电子技术基本实验

第一节　戴维南定理

一、实验目的

(1)验证戴维南定理的正确性,加深对定理的理解。

(2)学习线性有源二端网络等效电路参数的测量方法,加深对等效概念的理解。

二、实验原理

1. 戴维南定理

任何一个有源二端线性网络如图 4-1(a)所示,都可以用一个电动势为 E 的理想电压源和内阻 R_0 串联的电压源来等效代替如图 4-1(b)所示。E 等于有源二端线性网络的开路电压 U_o,R_0 等于有源二端线性网络除去所有电源后所得到的无源二端线性网络的等效电阻,如图 4-1(c)所示。

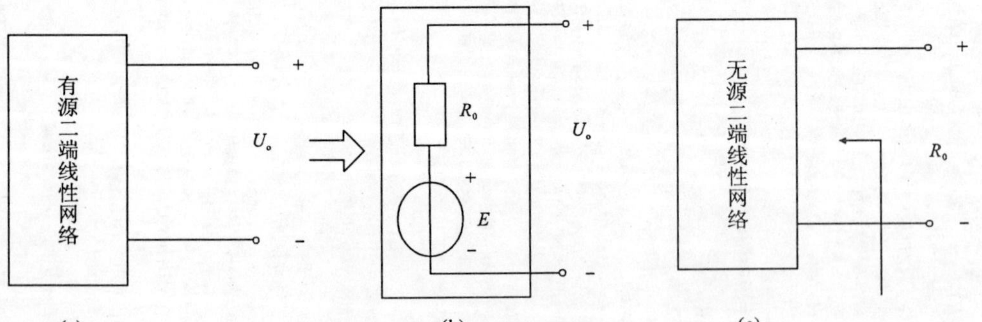

图 4-1　戴维南定理

所谓等效，是指有源二端线性网络被等效电路替代后，不影响端口外电路（即负载）上的电压和电流。

2. 有源二端线性网络等效电路参数的测量

①开路电压 U_o 的测量方法

将线性有源二端网络开路，选万用表电压挡测其两端电压值，即为开路电压 U_o。

②等效电阻 R_0 的测量方法

(1)万用表测量法。将线性有源二端网络的所有独立电源置零，用万用表的欧姆挡从端口处可测得 R_0。

(2)开路电压和短路电流法。按 $R_0=U_o/Is$ 计算出等效电阻。此法适用于网络两端可以被短路的情况（建议该实验用此方法测 R_0）。

(3)外加电压法。即把线性有源二端网络中的所有独立电源置零，然后在端口处外加一给定电压 U，测得端口电流 I，则 $R_0=U/I$ 。

三、实验仪器和设备

(1) 直流稳压电源	1 台
(2) 直流电流表	1 块
(3) 万用表	1 块
(4) 电阻箱	1 只

四、实验内容及步骤

1. 有源二端网络等效电动势与等效内阻的测量

本实验可在直流电路单元板上进行，也可自行按图 4－2 接线，选择 C、D 两端左侧为有源二端网络。

接通电源 U_S，调节有源二端网络外接电阻 R_L 的数值，使其分别为表 4－1 中所示数值。测量通过 R_2（即 R_L）的电流和 R_L 两端电压，将测量结果填入表 4－1 中。其中，$R_L=0$ 时的电流为短路电流 I_S，$R_L=\infty$ 时的电压为开路电压 U_o。

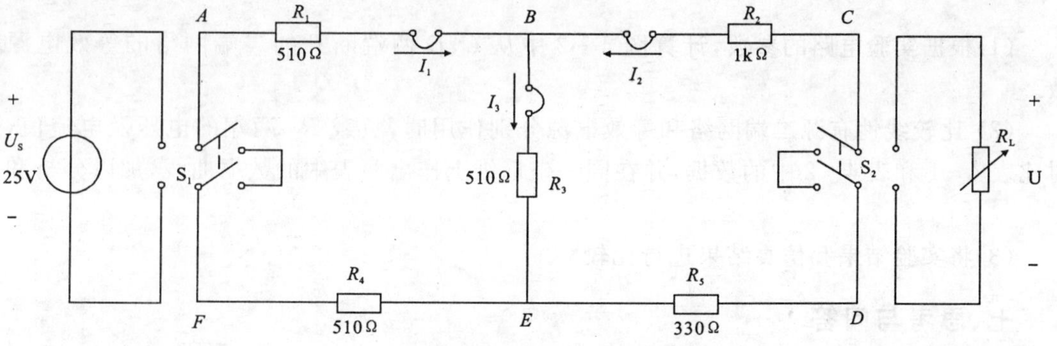

4.1.2

图 4－2　戴维南定理实验电路

表 4-1 有源二端网络等效前的外特性数据

$R_L(\Omega)$	0	500	1000	1500	2000	∞
I(mA)						
U(V)						

2. 测量等效电源的参数

根据步骤 1 的测量结果，开路电压 U_o=________V，短路电流 I_S=________mA，则二端网络的等效电源电压 U_o=________V，内阻 R_0=________Ω。

3. 验证戴维南定理

用步骤 2 中的等效电源参数 U_o、R_0 代替二端网络，构成如图 4-1(b)所示的等效电路。计算负载 R_L 为不同阻值情况下的 I、U 值，填入表 4-2 中。

表 4-2 戴维南等效电路的外特性数据

$R_L(\Omega)$	0	500	1000	1500	2000	∞
I(mA)						
U(V)						

4. 使用 Multisim 10 仿真软件，对图 4-2 所示电路进行戴维南定理的仿真验证，并记录和分析仿真结果。

五、注意事项

(1)直流电表接入时，应注意极性和量程。

(2)电源置零时不能直接将稳压电源两端短接。正确的方法是：移去电压源，将原电压源所接的两端用导线相连使之短接。

六、实验报告要求

(1)根据实验电路的参数，计算图 4-2 中从 C、D 两端断开的二端网络的等效电源参数。

(2) 比较线性有源二端网络和等效电源分别作用时，负载 R_L 两端的电压及电流值，即对比表 4-1 和表 4-2 中的数据，并在同一坐标纸上作出两表中的数据曲线，加以分析和比较。

(3)将实验结果和仿真结果进行比较。

七、思考与问答

(1)一个实际电源有几种表现形式，画图分别说明。

(2)说明测量有源二端网络等效参数的几种方法，并比较其优缺点。

第二节　RLC串联谐振电路的研究

一、实验目的

(1)观察串联谐振现象,加深对 RLC 串联谐振电路特性的理解。

(2)测定 RLC 串联谐振电路的频率特性曲线,了解电路参数对谐振曲线的影响。

二、实验原理

1. 电路的谐振频率

RLC 串联电路如图 4-3 所示,其阻抗是电源频率的函数,即:

$$Z=R+j(\omega L-\frac{1}{\omega C})=|Z|e^{j\varphi}$$

当 $\omega L=\frac{1}{\omega C}$ 时,电路呈现电阻性,U_S 一定时,电流达最大,这种现象称为串联谐振,谐振时的频率称为谐振频率,也称电路的固有频率。

即　$$\omega_0=\frac{1}{\sqrt{LC}}\text{或 } f_0=\frac{1}{2\pi\sqrt{LC}}$$

上式表明谐振频率仅与元件参数 L、C 有关,而与电阻 R 无关。

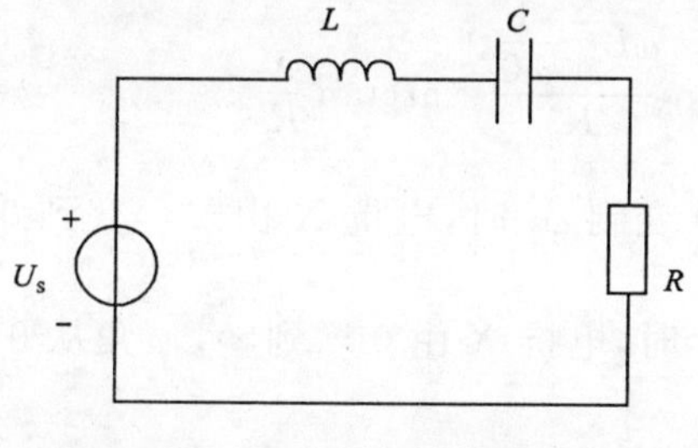

图 4-3　RLC 串联谐振电路

2. 电路处于谐振状态时的特征

(1)在激励电压有效值不变时,回路中的电流达最大值,即:

$$I=I_0=\frac{U_S}{R}$$

(2)复阻抗 Z 最小,电路呈电阻性,电流与输入电压同相。

(3)电感电压与电容电压数值相等,相位相反。此时电感电压(或电容电压)为电源电压的 Q 倍,Q 称为品质因数,即

$$Q=\frac{U_L}{U_S}=\frac{U_C}{U_S}=\frac{\omega_0 L}{R}=\frac{1}{\omega_0 CR}=\frac{1}{R}\sqrt{\frac{L}{C}}$$

在 L 和 C 为定值时,Q 值仅由回路电阻 R 的大小来决定。

3. 串联谐振电路的频率特性

(1)回路的电流与电源角频率的关系称为电流的幅频特性,表明其关系的图形称为串联

谐振曲线。电流与角频率的关系为：

$$I(\omega)=\frac{U_S}{\sqrt{R^2\left[\omega L-\frac{1}{\omega C}\right]^2}}=\frac{U_S}{R\sqrt{1+Q^2\left[\frac{\omega}{\omega_0}-\frac{\omega_0}{\omega}\right]^2}}=\frac{I_0}{\sqrt{1+Q^2\left[\frac{\omega}{\omega_0}-\frac{\omega_0}{\omega}\right]^2}}$$

当 L、C 一定时，改变回路的电阻值 R，即可得到不同 Q 值下的电流的幅频特性曲线。显然 Q 值越大，曲线越尖锐。

有时为了方便，常以 $\frac{\omega}{\omega_0}$ 为横坐标、$\frac{I}{I_0}$ 为纵坐标画电流的幅频特性曲线（这称为通用幅频特性），图 4-4 画出了不同 Q 值下的幅频特性曲线。回路的品质因数 Q 值越大，在一定的频偏下 $\frac{I}{I_0}$ 下降的越厉害，电路的选择性就越好。

为了衡量谐振电路对不同频率的选择能力，引进通频带的概念，把通用幅频特性的幅值从峰值 1 下降到 0.707 时所对应的上、下频率之间的宽度称为通频带（以 B_W 表示）即：

$$B_W=\frac{\omega_2}{\omega_0}-\frac{\omega_1}{\omega_0}$$

Q 值越大，通频带越窄，电路的选择性越好。

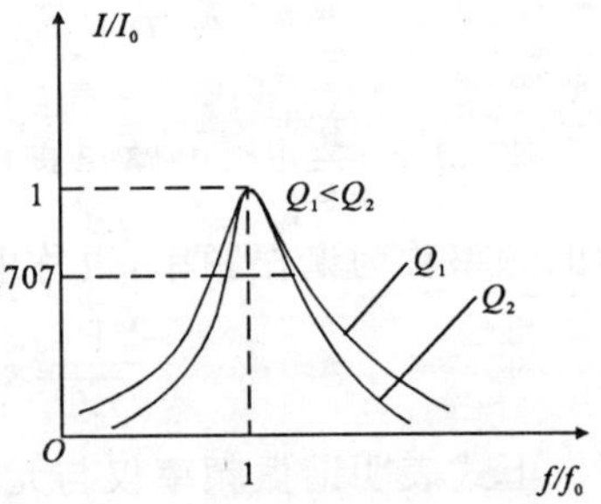

图 4-4　不同 Q 值的相频特性曲线

(2)激励电压与响应电流的相位差角 φ 和激励电源角频率 ω 的关系称为相频特性，即

$$\varphi(\omega)=\arctan\frac{\omega L-\frac{1}{\omega C}}{R}=\arctan\frac{X}{R}$$

显然，当电源频率 ω 从 0 变到 ω_0 时，电抗 X 由 $-\infty$ 变到 0 时，φ 角从 $-\frac{\pi}{2}$ 变到 0，电路为容性。当 ω 从 ω_0 增大到 ∞ 时，电抗 X 由 0 增到 ∞，φ 角从 0 增到 $\frac{\pi}{2}$，电路为感性。相角 φ 与 $\frac{\omega}{\omega_0}$ 的关系称为通用相频特性。

谐振电路的幅频特性和相频特性是衡量电路特性的重要标志。

三、实验仪器设备

(1) 函数信号发生器　　1 台

(2) 交流毫伏表　　1 个

(3) 双踪示波器　　1 台

四、实验内容及步骤

(1)改变信号源频率，找出电路谐振频率 f_0，一般可采用如下两种方法。

①电阻电压 U_R 达到最大值的办法确定 f_0。

按图 4-3 连接线路，取 $L=0.01\text{H}$，$C=0.1\mu\text{F}$，$R=100\Omega$，电源 U_S 为函数信号发生器输出的正弦信号，调节其输出电压，使 $U_S=1\text{V}$，并在整个实验过程中保持不变。

将晶体毫伏表接在 R 两端，调节信号源频率 f，同时观测晶体毫伏表的读数，当 U_R 达到最大值时(此时电流 I 最大)所对应的 f 即为电路的谐振频率 f_0。

②用双踪示波器确定 f_0。

保持上述的电路和参数不变，将双踪示波器的一个通道接在函数信号发生器的两端，即用于观测 U_S 的波形，另一通道接在 R 两端，即用于观测 U_R 的波形，调节信号源的频率 f，当观测到示波器中 U_S 和 U_R 两波形同相位时，此时的 f 即为电路的谐振频率 f_0。

根据步骤(1)中的方法①，测得的 f_0= ________ kHz；根据步骤(1)中的方法②，测得的 f_0= ________ kHz。

(2)在谐振情况下(用方法①或方法②皆可)用晶体管毫伏表测量 U_S，U_C，U_L，U_R 及 U_{L-C}(注意毫伏表量程)，并记录到表 4-3 中。

表 4-3　谐振测量数据

f_0(kHz)	U_S(V)	U_C(V)	U_L(V)	U_{L-C}(V)	U_R(V)	Q

(3)以谐振频率 f_0 为中心两边对称取点，在其两侧至少各取 7 个测量点(取点时，请参照注意事项(3)。保持 U_S=1V 不变，用交流毫伏表逐点测出 U_R 值，电流 I 是通过测量 U_R 值，由 $I=U_R/R$ 换算而得，记入表 4-4 中。

表 4-4　谐振曲线实验数据($R_1=100\Omega$，$R_2=500\Omega$，L 与 C 维持不变)

f(Hz)								f_0							
U_{R1}(V)															
I_1(mA)															
U_{R2}(V)															
I_2(mA)															

(4)任选一组参数(R_1 或 R_2)，用示波器分别观察 $f>f_0$ 及 $f<f_0$ 时，电流、电压相位关系，并画出波形图。说明电流超前还是电压超前？

(5)使用 Multisim 10 仿真软件，对串联谐振电路进行仿真测试。

五、注意事项

(1)换接线路时，必须关闭电源开关。

(2)在找电路的谐振频率时，要及时调整晶体管毫伏表的量程。

(3)选择测量频率点时，应在靠近谐振频率附近多取几个点。在变换测量频率时，应调整信号输出幅值，使其保持 1V 不变。

六、实验报告要求

(1)根据实验数据，在方格纸上绘出 $I(f)$ 曲线。

(2)通过实验总结 RLC 串联谐振电路的主要特点。

七、思考与问答

(1) 当 RLC 串联电路发生谐振时,是否有 $U_C=U_L$ 及 $U_R=U_S$? 若关系不成立,试分析其原因。

(2)如何判别 RLC 串联电路是否发生谐振?

(3)根据实验内容中给出的参数,估算电路发生谐振时的频率。

第三节 日光灯电路和功率因数的提高

一、实验目的

(1) 进一步理解交流电路中各部分电压、各支路电流的相量关系。

(2) 理解感性负载电路提高功率因数的意义和方法。

(3) 了解日光灯的工作原理,学会日光灯电路的连接。

(4) 学习交流电压表、电流表、功率表的使用。

二、实验原理

1. 日光灯电路及工作原理

日光灯电路由日光灯灯管、镇流器、启动器等元件组成。电路如图 4-5 所示。

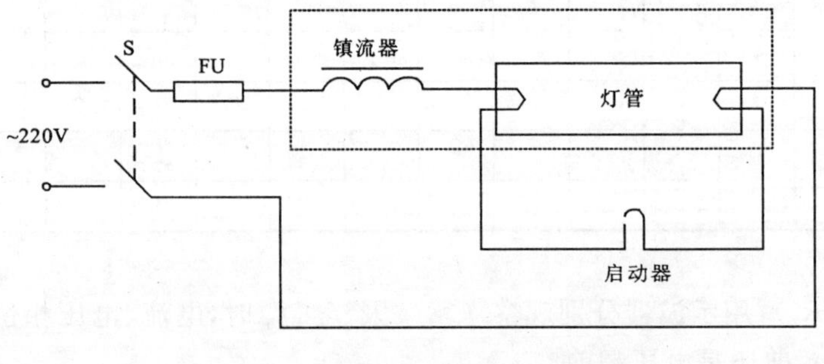

图 4-5 日光灯电路

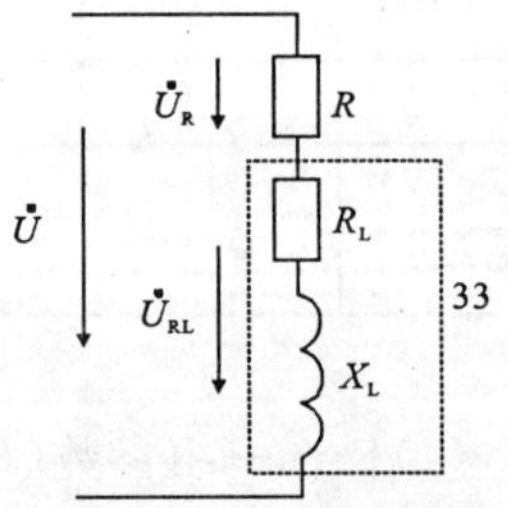

图 4-6 日光灯等效电路

日光灯管的内壁涂有一层荧光粉,灯管两端各有一组灯丝,灯丝上涂有易使电子发射的金属粉末。管内抽成真空,填充氩气和少量的汞。它的启动电压是 400~500V,启动后管压降只有 80V 左右。因此,日光灯灯管不能直接接在 220V 的电源上使用,而且启动时需要高于 220V 的电压。镇流器和启动器就是为满足这个要求而设计的。

镇流器是一个铁心线圈。启动器内有两个电极,一个是双金属片,另一个是固定片,两极之间有一个小容量电容器。一定数值的电压加在启动器两端时,启动器产生辉光放电。双金属片因放电而受热伸直,并与定片接触。而后启动器因动片与定片接触,放电停止,冷却且自动分开。日光灯启动过程如下:当接通电源后,启动器内双金属动片与定片间的气隙被击穿，连续发生火花，双金属片受热伸长，使动片与定片接触。灯管灯丝接通，灯丝预热而发射电子，此时启动器两端电压下降，双金属片冷却，因而动片与定片分开。镇流器线圈因灯丝电路断电而感应出很高的感应电动势，与电源电压串联加到灯管两端，使管内气体电离产生弧光放电而发光。因此时启动器两端所加电压值等于灯管点燃后的管压降，这个 80V 左右的电压不再使双金属片打火，故启动器停止工作。所以启动器在电路中的作用相当于一个自动开关，镇流器在灯管启动时产生高压，有启动前预热灯丝及在正常工作时限流的作用。

日光灯工作时，灯管可以认为是一电阻负载，镇流器可以认为是一个电感量较大的感性负载，两者串联构成一个 R、L 串联电路。日光灯工作时的整个电路可用图 4－6 等效串联电路来表示。

2. 功率因数的提高

正弦交流电路中所消耗的平均功率：$p=UI\cos\varphi$，其中 $\cos\varphi$ 称作电路的功率因数。

功率因数的高低反映了电源容量利用率的大小。电路功率因数低，说明电源容量没有被充分利用。同时，无功电流在输电线路上造成无为的损耗。因此，提高电路的功率因数成为电力系统的重要课题。

在实际电路中，负载常为感性。如日光灯电路因串联镇流器，它是一个电感较大的线圈，故日光灯整个电路的功率因数只有 0.5 左右。感性负载功率因数较低时，可在负载两端并联适当容量的电容器来提高电路的功率因数。

三、实验仪器和设备

(1)日光灯电路板	1套
(2)交流电压表	1个
(3)交流电流表	1个
(4)电流插口	3个
(5)单相功率表	1个
(6)电容	若干
(7)导线	若干

四、实验内容及步骤

(1)按图 4－7 接好电路，其中瓦特表电压线圈与电路并联，电流线圈与电路串联，并注意其同名端。合上电源开关 S_1，断开 S_2，接通电源，观察日光灯的启动过程。

(2)测量日光灯电路的端电压 U、灯管两端电压 U_D、镇流器两端电压 U_{RL}、电路电流 I 即日光灯电流 I_D 和电路总功率 P，并计算功率因数 $\cos\varphi$，将数据填入表 4－中。

(3)合上开关 S_2，将日光灯电路两端并联电容 C。逐渐加大电容量，每改变一次电容量，都要测量端电压 U、灯管两端电压 U_D、镇流器两端电压 U_{RL}、电路电流 I、日光灯电流 I_D、电容器电流 I_C 和电路总功率 P，并计算功率因数 $\cos\varphi$，将测量数据填入表 4－5 中。

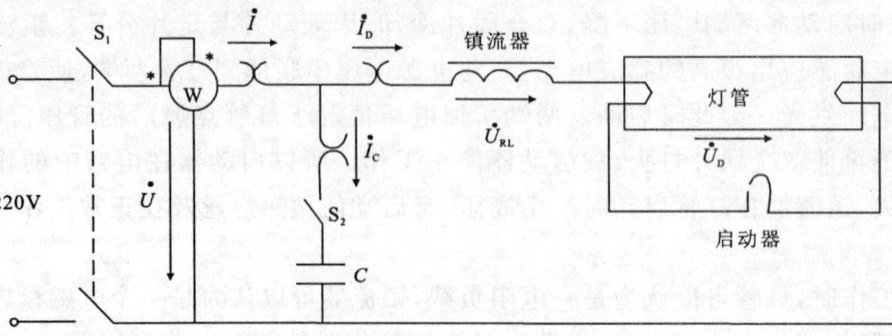

图 4-7 日光灯并联电容电路

表 4-5 不同电容取值时的实验数据

电容 C	测量数据							计算
(μF)	I(A)	I_D(A)	I_C(A)	U(V)	U_D(V)	U_{RL}(V)	P(W)	$\cos\varphi$
0								
1.0								
2.2								
4.7								

五、注意事项

(1)日光灯启动时电流较大，测量时应注意选择仪表的合适量程，以防止损坏仪表。

(2)日光灯电路要根据灯管功率，选择与之相应规格的镇流器配套使用。

(3)安装日关灯线路时，不能将交流电源不经过镇流器而直接接在灯管两端，应注意把电源开关安装在相线(火线)上。

六、实验报告要求

(1)选择适当比例，依据表 4-5 中的数据绘出电压三角形，并由三角形计算出镇流器的电阻压降 U_r、电感压降 U_L 各是多少伏?

(2)测得的 $U_D+U_{RL}\neq U$，为什么?

(3)画出并联电容 C 后一组数据的电流相量图，分析在感性负载并联适当电容后，为何可以提高功率因数。

(4)在并联电容提高电路的功率因数时，电容的选择应考虑哪些原则?

(5)并联电容前后测得 P 的大小不变，为什么?

七、思考与问答

(1)在 RL 串联电路两端并联 C 后，电路的 $\cos\varphi$ 值如何求得?

(2) 在感性负载两端并联适当电容后，电路中哪些量发生了变化，如何变? 哪些量不变，为什么?

第四节　三相交流电路

一、实验目的

(1)掌握三相负载的正确联接方法。

(2)进一步了解三相电路中相电压与线电压、相电流与线电流的关系。

(3)了解三相四线制电路中中线的作用

二、实验原理

1. 三相电源

星形联接的三相四线制电源的线电压和相电压都是对称的，其大小关系为 $U_L=\sqrt{3}U_P$，三相电源的电压值是指线电压的有效值。

2. 三相负载的联接

三相负载有星形和三角形两种联接方式。星形联接时，根据需要可以联接成三相三线制或三相四线制；三角形联接时只能用三相三线制供电。在电力供电系统中，电源一般均为对称，负载有对称负载和不对称负载两种情况。

(1) 负载的星形联接。带中线时，不论负载是否对称，总有下列关系：

$$U_P=\frac{U_L}{\sqrt{3}}, I_L=I_P$$

无中线时，只有对称负载上述关系才成立。若不对称负载又无中线时，上述电压关系不成立，故中线不能任意断开。

(2)负载的三角形联接。负载作三角形联接时，不论负载是否对称，总有 $U_L=U_P$。负载对称时，$I_L=\sqrt{3}I_P$；负载不对称时，上述电流关系不成立。

三、实验仪器和设备

(1)交流电压表　1个
(2)交流电流表　1个
(3)电流插孔　4个
(4)白炽灯　6个
(5)导线　若干

四、实验内容及步骤

(1)测量实验台上三相电源的线电压和相电压，将测量数据记于表 4-6 中。

(2)按图 4-8 将三相负载作星形联接。分别在下列 4 种情况下，观察灯泡亮度的变化，测量三相线电压、负载相电压、线电流(即相电流)、中线电流和两中点电压，并将测量数据记于表 4-7 中。

①负载对称，有中线；

②负载对称，无中线；

③负载不对称(将 U 相两个灯泡全部关掉)，有中线；

④负载不对称，无中线。

表 4-6 三相电源的线电压和相电压的测量数据

线电压(V)				相电压(V)			
U_{UV}	U_{VW}	U_{WU}	平均值	U_U	U_V	U_W	平均值

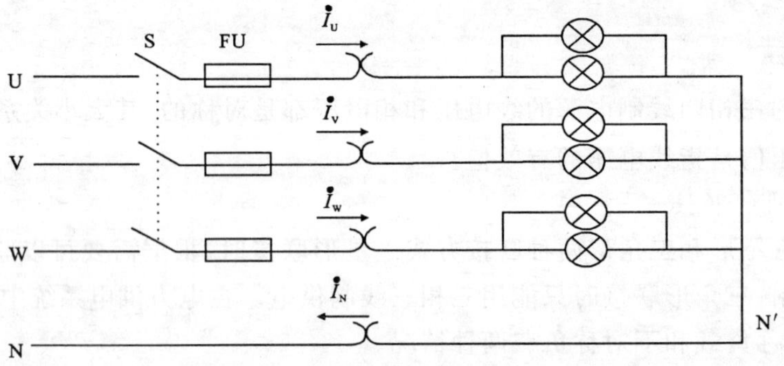

图 4-8 三相负载星形联接电路图

表 4-7 测量三相负载星形联接的实验数据

		线电压(V)			负载相电压(V)			线电流(A)			I_N	$U_{NN'}$
		U_{UV}	U_{VW}	U_{WU}	$U_{UN'}$	$U_{VN'}$	$U_{WN'}$	I_U	I_V	I_W	(A)	(V)
对称负载	有中线											
	无中线											
不对称负载	有中线											
	无中线											

(3)将三相电源线电压调成 220V，按图 4-9 将三相负载作三角形联接。分别在负载对称和不对称(将 U、V 相两个灯泡全部关掉)两种情况下，观察灯泡亮度的变化，测量三相线电压(即负载相电压)、负载线电流，并将测量数据记于表 4-8 中。

(4)按图 4-10 改线，在上述两种情况下分别测量相电流，并将测量数据记于表 4-8 中。

五、注意事项

(1)实验用 380/220V 交流电源。在操作时要特别注意人身安全，不能用手去碰电路中裸露的金属物，改接电路时，切记“先接线，再通电；先断电，再拆线”。

(2)实验时，白炽灯发热，要防止烫伤。

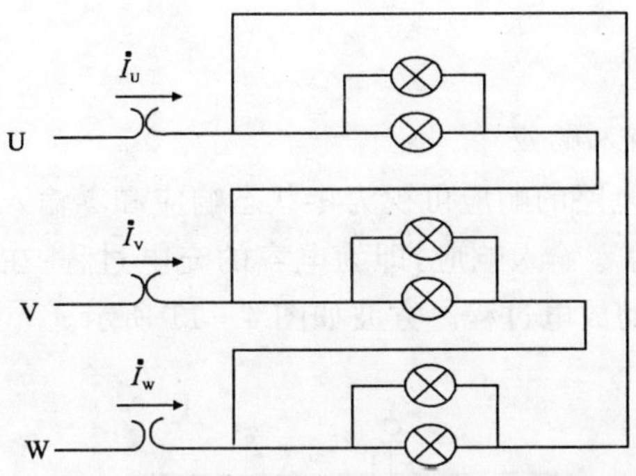

图 4－9　负载三角形联接测线电流电路图

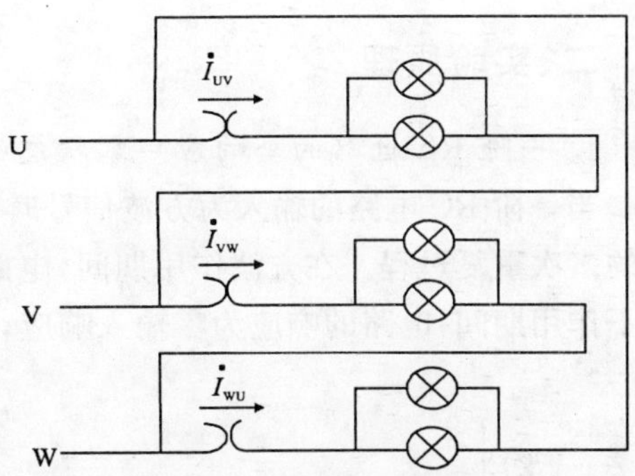

图 4－10　负载三角形联接测相电流电路图

表 4－8　测量三相负载三角形联接的实验数据

项目	线电压(V)			线电流(A)			相电流(A)		
	U_{UV}	U_{VW}	U_{WU}	I_U	I_V	I_W	I_{UV}	I_{VW}	I_{WU}
对称负载									
不对称负载									

六、实验报告要求

(1)根据测量数据，验证电源线电压和相电压的关系。

(2)根据测量数据，分别验证星形和三角形联接时，对称和不对称情况下，各相值与线值的关系。

(3)根据实验结果，说明中线的作用。在什么情况下必须有中线，在什么情况下可不要中线。

七、思考与问答

(1)负载不对称，星形连接，有中线时，各灯泡的亮度是否一样？断开中线，各灯泡的亮度是否还一样？注意在实验中观察并记录这一重要现象，加深理解中线的作用。

(2)负载作三角形连接时，若某一相发生短路故障，将会出现什么情况？

(3)对称负载作星形联接，无中线的情况下断开一相，其他两相发生什么变化？能否长时间工作于此种状态？

第五节　一阶 RC 电路的暂态过程分析

一、实验目的

(1)学习用示波器观察和分析 RC 电路的响应。

(2)了解一阶 RC 电路时间常数对过渡过程的影响，掌握用示波器测量时间常数。

(3)进一步了解一阶微分电路、积分电路和耦合电路的特性。

二、实验原理

1. 一阶 RC 电路的全响应=零状态响应+零输入响应

当一阶 RC 电路的输入为方波信号时,一阶 RC 电路的响应可视为零状态响应和零输入响应的多次重复过程。在方波作用期间,电路的响应为零输入响应,即为电容的充电过程;在方波不作用期间,电路的响应为零输入响应,即为电容的放电过程。方波如图 4-11 所示。

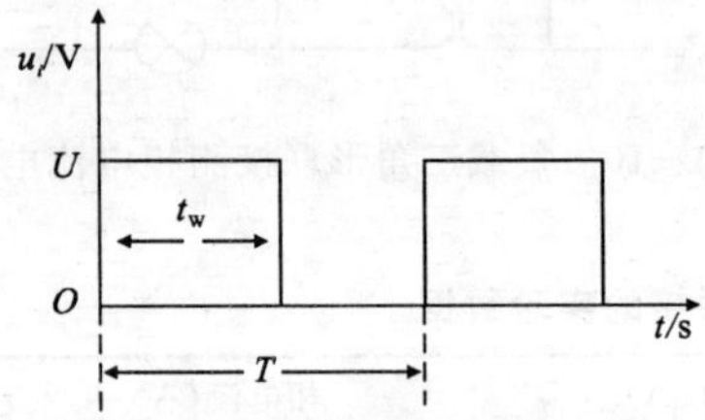

图 4-11 方波电压波形

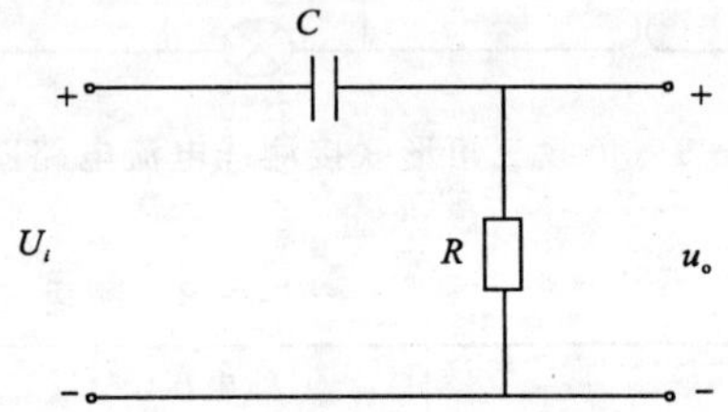

图 4-12 微分电路和耦合电路接线图

2. 微分电路

如图 4-12 所示电路,将 RC 串联电路的电阻电压作为输出 u_0,且满足 $\tau \ll t_w$ 的条件,则该电路就构成了微分电路。此时,输出电压 u_o 近似地与输入电压 u_i 呈微分关系,即 $u_o \approx RC\dfrac{du_i}{dt}$。

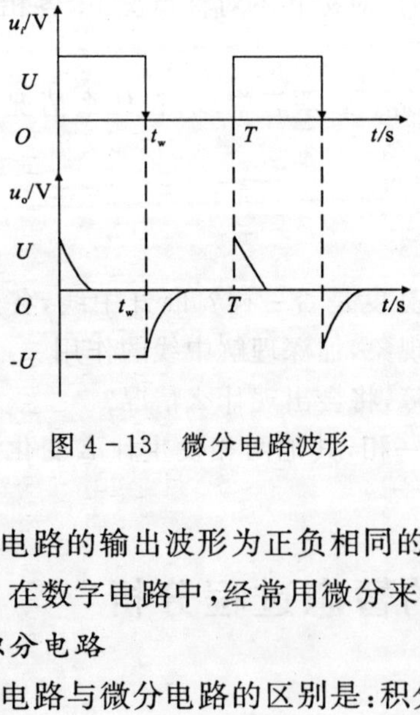

图 4-13 微分电路波形

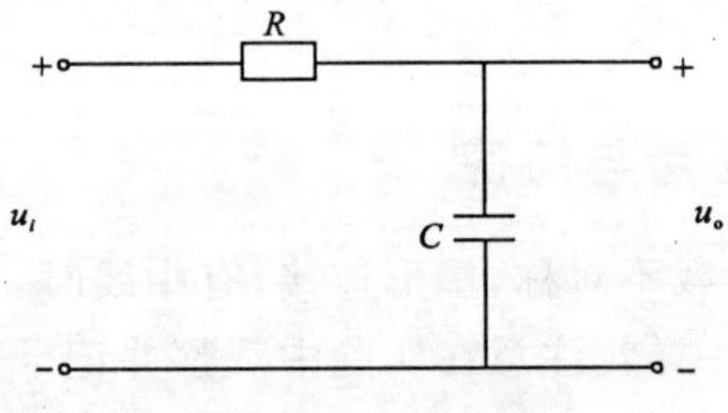

图 4-14 测常数和积分电路接线图

微分电路的输出波形为正负相同的尖脉冲。其输入、输出电压波形的对应关系如图 4-13 所示。在数字电路中,经常用微分来将矩形脉冲波形变换成尖脉冲作为触发信号。

3. 积分电路

积分电路与微分电路的区别是:积分电路取 RC 串联电路的电容电压作为输出 u_o,如图 4-14 所示电路,且时间常数满足 $\tau \gg t_w$。此时只要取 $\tau = RC \gg t_w$,则输出电压 u_o 近似地与输入电压 u_i 成积分关系,即 $u_o \approx \dfrac{1}{RC}\int u_i dt$。

积分电路的输出波形为锯齿波。当电路处于稳态时，其波形对应关系如图 4－15 所示。注意：u_i 的幅度值很小，实验中观察该波形时要调小示波器 Y 轴挡位。

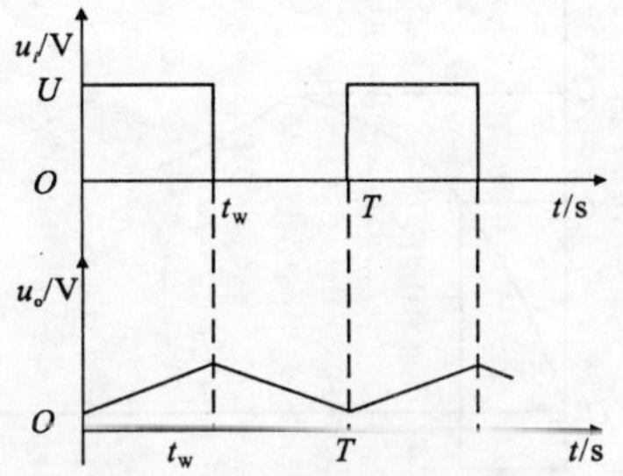

图 4－15 积分电路波形

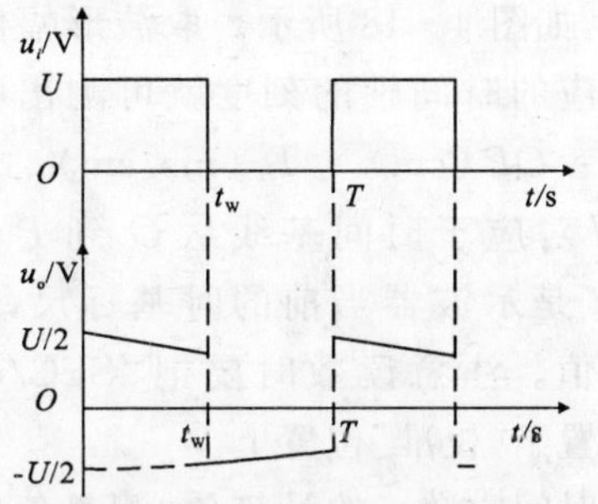

图 4－16 耦合电路波形

4. 耦合电路

RC 微分电路只有在满足时间常数 $\tau=RC\ll t_w$ 的条件下，才能在输出端获得尖脉冲。如果时间常数 $\tau=RC\gg t_w$，则输出波形已不再是尖脉冲，而是非常接近输出电压 u_i 的波形，这就是 RC 耦合电路，而不再是微分电路。这里电容 C 称为耦合电容，常应用在多级交流放大电路中作级间耦合，起沟通交流、隔断直流的作用。其波形对应关系如图 4－16 所示。

注意比较输入、输出电压波形的区别。

三、实验主要仪器设备

(1)电路实验箱 1 个

(2)示波器 1 台

(3)晶体管毫伏表 1 个

四、实验内容及步骤

(1)调节函数信号发生器，使输出方波 u_i 的峰值电压 $U=4.5$V，周期 $T=5$ms，即频率 $f=200$Hz。将此方波电压 u_i 从示波器 Y 轴输入(开关置于 DC 挡)，观察并校准该波形后描述下来。

(2)按图 4－14 组成串联电路，取 $R=1\text{k}\Omega$，$C=0.47\mu$F，并按图 4－17 接线。

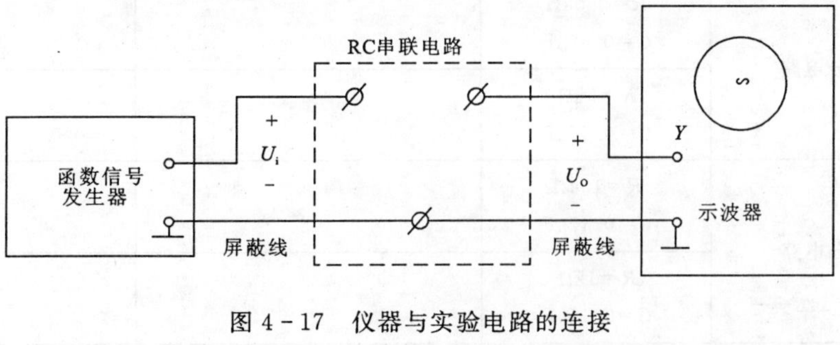

图 4－17 仪器与实验电路的连接

注意信号发生器的金属屏蔽线(即地线)必须与示波器的屏蔽线相连接。计算这个 RC 充放电电路的时间常数,并用 u_C 的波形在示波器上测定电路的时间常数,具体做法如下。

调节示波器,使屏幕上呈现出一个稳定的指数曲线,如图 4－18 所示。取波形幅值的 63.2% 处所对应的时间轴的刻度就可测出电路的时间常数:$\tau = OP(\text{cm}) \times T_x(\text{ms/cm})$,式中,$OP$ 是 $0.632U$ 对应于时间基线从 O 到 P 的距离(格数);T_x 是示波器当前的时基标尺,即 SEC/div 的刻度值。注意读数时要把"SEC/div"开关的"微调"置于"校准"位置上。

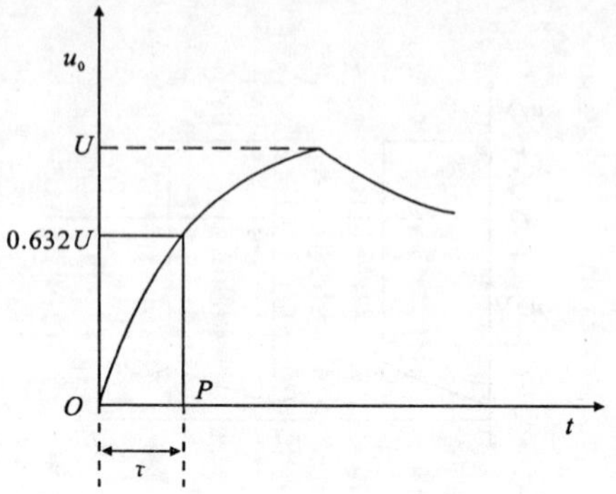

图 4－18 测定时间常数曲线

将时间常数 τ 的计算值、测量值和波形记录在表 4－9 中。

(3)微分电路。

① 按图 4－12 接好线路,选取 $R=0.5\text{k}\Omega$,$C=0.47\mu\text{F}$,则输出 U_o 应为尖脉冲,记录波形于表 4－10 中。

表 4－9 测量时间常数 τ

计算值		测量值		波形
R(kΩ)	C(μF)	扫描时基(ms/cm)	OP(cm)	
τ=		τ=		

②C 不变,将 R 改为 5kΩ,观察 τ 对微分电路的影响,并将波形记录于表 4－10 中。

(4)积分电路。

①按图 4－14 接好线路,$R=10\text{k}\Omega$,$C=0.47\mu\text{F}$,使 $\tau \ll t_w$,则输出 u_o 应为锯齿波,记录波形于表 4－10 中。

②C 不变,将 R 改为 1kΩ,观察 τ 对积分电路的影响,并将波形记录于表 4－10 中。

表 4－10 测量微分电路和积分电路

电路性质	组别	波形图	τ 的计算值
微分电路	$R=0.5\text{k}\Omega$ $C=0.47\mu\text{F}$		
	$R=5\text{k}\Omega$ $C=0.47\mu\text{F}$		
积分电路	$R=10\text{k}\Omega$ $C=0.47\mu\text{F}$		
	$R=1\text{k}\Omega$ $C=0.47\mu\text{F}$		

(5)使用 Multisim 10 仿真软件，对各实验电路进行仿真，并记录和分析仿真结果。

五、注意事项

(1)根据 RC 电路充放电曲线的变化规律，取测试点时，应在曲线变化率大的地方多取几点，以便准确地描绘曲线。

(2)注意充电电压不应超过电容器的额定值。

六、实验报告要求

(1)写出 RC 充电电路上电容电压的动态过程的时间函数表达式，并据此说明为什么实验中到电容电压波形幅值的 0.632 倍处对应的时间轴刻度就是该电路的时间常数？

(2)根据实验结果说明构成微分电路和积分电路的条件。

(3)将实验中观测到的微分电路和积分电路的波形集中按相同比例对应画出。

(4)分析图 4-12、图 4-14 的 u_i 为方波时，当电路的时间常数 τ 不同时，对输出波形的影响。

七、思考与问答

(1)什么是电路的时间常数，其物理意义是什么？

(2)什么是微分电路和积分电路？它们必须具备什么条件？它们在方波信号的激励下，其输出信号波形的变化规律如何？

第六节　三相异步电动机的基本控制

一、实验目的

(1)了解基本继电接触控制电路的工作原理。

(2)熟练掌握电动机起停控制线路的工作原理与接线方法。

(3)掌握电动机既能点动又能连续运行的控制线路的工作原理与接线方法。

(4)熟练掌握正反转控制线路的工作原理及接线方法。

二、实验原理

1. 三相异步电动机的起停控制

三相异步电动机的起停控制电路如图 4-19 所示。其工作原理为：

按SB_2→ KM线圈获电→ KM动合辅助触头闭合自锁
　　　　　　　　　　→ KM动合主触头闭合→ 电动机运转

松开按钮 SB_2，由于接在按钮 SB_2 两端的 KM 动合辅助触头闭合自锁，控制回路仍保持接通，电动机 M 继续运转。

按SB_1→ KM线圈断电释放→ KM动合辅助触头断开
　　　　　　　　　　　　→ KM动合主触头断开→ 电动机停止运转

2. 三相异步电动机既能点动又能连续运行的控制

三相异步电动机既能点动又能连续运行的控制电路如图 4－20 所示(主电路同图 4－19)。当 SB_2 按下时,电动机连续运行;若要电动机停转,按下 SB_1。而当复合按钮 SB_3 按下时,SB_3 的常闭触点先断开,常开触点后闭合,KM 主触点闭合,电动机运行;松开 SB_3 时,SB_3 的常开触点先断开,常闭触点后闭合,电动机停转,故此时电动机点动运行。

3. 三相异步电动机的正反转控制

三相异步电动机的正反转控制电路如图 4－21 所示。其中(a)为主电路,(b)、(c)为辅助电路。图中采用两个接触器 KM_F 和 KM_R 控制电动机的正、反转。KM_F 和 KM_R 不能同时通电,否则它们的主触头同时闭合,将造成电源短路,为此在 KM_F 与 KM_R 线圈各自的控制回路中相互串联了对方的一副动断辅助触头,如(b)所示,以保证两接触器不会同时通电吸合,起互锁作用。此控制电路在正(或反)转换反(或正)转时,须先停车,再变换。控制电路中的 3 个按钮:SB 为停转按钮,SB_F 为正转起动按钮,SB_R 为反转起动按钮。

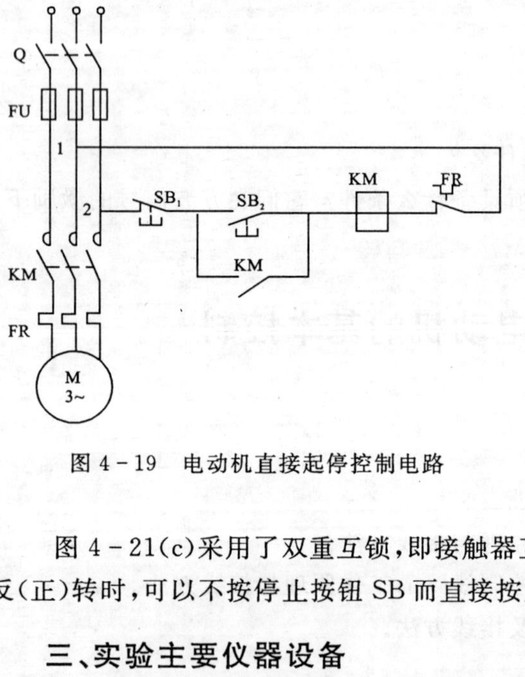

图 4－19　电动机直接起停控制电路

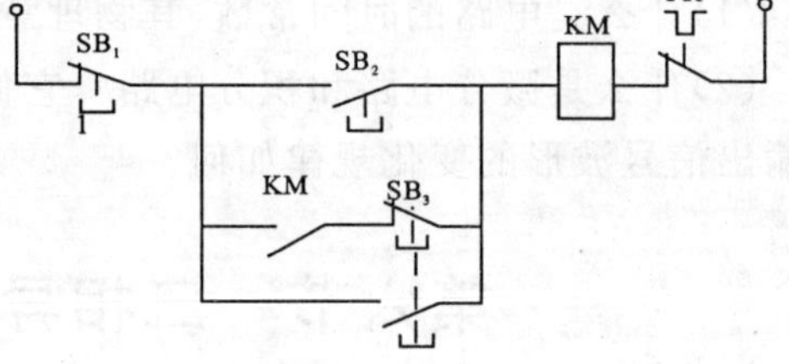

图 4－20　既能点动又能连续运行的控制电路

图 4－21(c)采用了双重互锁,即接触器互锁和按钮互锁,该电路在电动机正(反)转换反(正)转时,可以不按停止按钮 SB 而直接按反(正)转按钮进行控制。

三、实验主要仪器设备

(1)三相鼠笼式异步电动机　　　　1 台

(2)交流接触器　　　　　　　　　2 只

(3)按钮　　　　　　　　　　　　3 只

(4)导线　　　　　　　　　　　　若干

四、实验内容及步骤

1. 三相异步电动机的起停控制

(1) 按图 4－19 接好线路(先接主电路,后接控制电路),并按主电路、控制电路仔细查对电路(本实验不另接熔断器和热继电器,以下同)

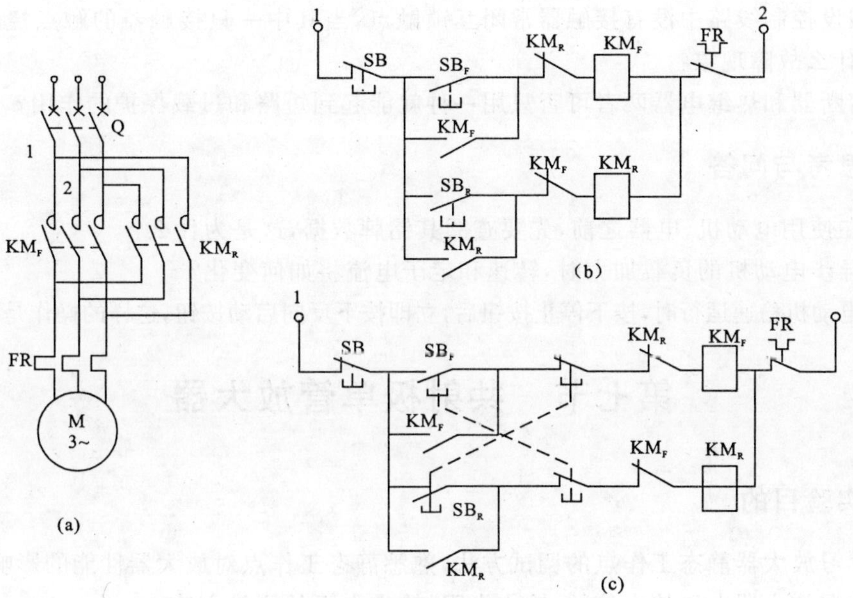

图 4-21　电动机正反转控制电路

(2) 确定电路接线无误后，接通电源开关，操作按钮，检查电动机的工作状况和各电器的工作状态是否正常，如有故障，查找原因，改接电路。

2. 三相异步电动机既能点动又能连续运行的控制

(1) 按图 4-20 连接好线路并仔细检查。

(2) 确定电路接线无误后，接通电源开关，操作按钮，分别观察电动机的点动运行和连续运行状态。

3. 三相异步电动机的正反转控制

(1) 按图 4-21 连接好线路并仔细检查。

(2) 确定电路接线无误后，接通电源开关，操作按钮，分别观察电动机的正转和反转有无异常，若有异常现象，查找原因，改接电路。

4. 三相异步电动机的异地控制(选做)

按预习设计电路连线，并检查是否满足设计要求。

五、注意事项

(1)连线要正确，严防将电路短路，各电器和按钮的常开、常闭触点要分清。

(2)在实验操作过程中，切勿触碰电动机转动部分以及线路带电部分，以免发生机械碰伤或触电等人身事故。

(3)在实验过程中，切勿使衣服、头发等物触及电动机的转动部分，以免发生人身事故。

六、实验报告要求

(1)实验中发生过什么故障？简述排除故障的过程。

(2)接触器互锁与接触器和按钮双重互锁的原理、操作有什么不同?

(3)假设控制线路中没有接触器常闭互锁触点,当其中一只接触器的触点烧住时,电路将会出现什么故障现象?

(4)熔断器和热继电器两者可否只用一种就能起到短路和过载保护的作用?为什么?

七、思考与问答

(1) 在使用电动机、电器之前,先要查阅其铭牌数据,这是为什么?

(2) 异步电动机的负载加大时,转速和定子电流将如何变化?

(3) 电动机稳速运行时,按下停止按钮后,立即按下反向启动按钮,这样的操作是否可行?

第七节 共射极单管放大器

一、实验目的

(1)学习放大器静态工作点的调试方法,熟悉静态工作点对放大器性能的影响。

(2)掌握放大器电压放大倍数、输入电阻、输出电阻的测量方法。

(3)观察改变放大器某些元件参数对静态工作点、电压放大倍数及输出波形的影响。

二、实验原理

电阻分压式共射极单管放大器电路如图 4-22 所示。其偏置电路采用了 R_{B1} 和 R_{B2} 组成的分压电路,并在发射极上接有电阻 R_E,以稳定放大器的静态工作点。当在放大器的输入端加上输入信号 u_i 后,在其输出端便可得到一个与 u_i 相位相反、幅值增大了的输出信号 u_o,从而实现了电压放大。

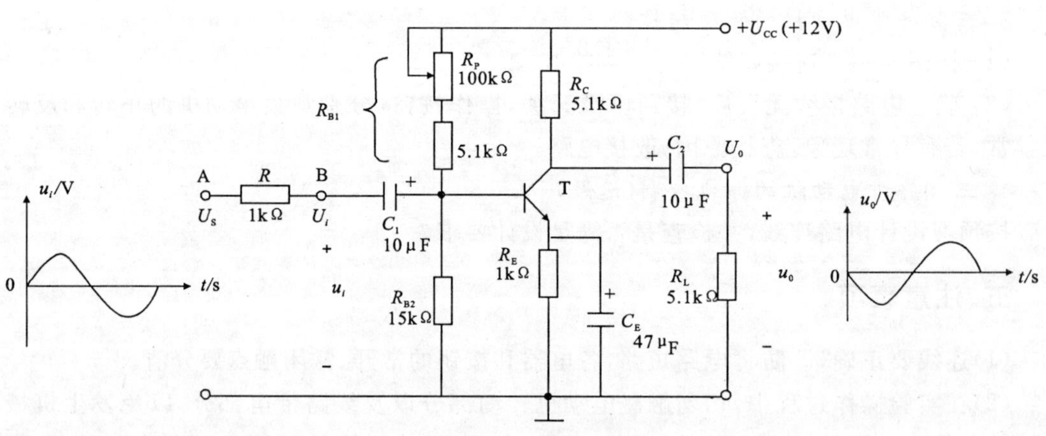

图 4-22 共射极单管放大器

晶体管为非线性元件,要使放大器不产生非线性失真,就必须确定一个合适的静态工作点,使晶体管工作在放大区。Q 点合适时,输入大小合适的信号,输出波形不失真。若 I_B 过小，Q_2点过低，晶体管进入截止区，输出波形产生截止失真；当 I_B过大，Q_1点过高，则晶体管将进入饱和区，输出波形产生饱和失真，如图 4－23 所示。

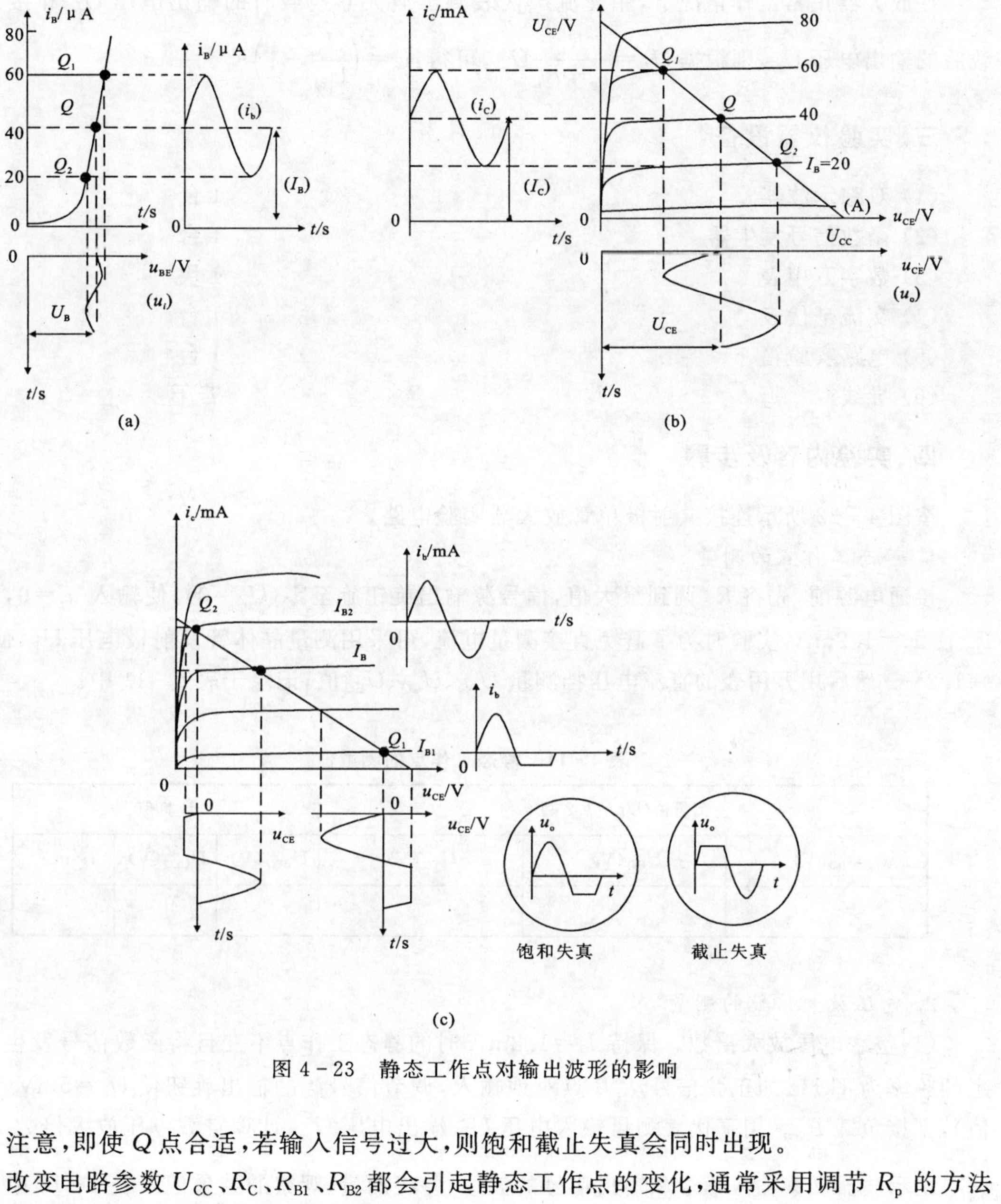

图 4－23　静态工作点对输出波形的影响

注意，即使 Q 点合适，若输入信号过大，则饱和截止失真会同时出现。

改变电路参数 U_{CC}、R_C、R_{B1}、R_{B2} 都会引起静态工作点的变化，通常采用调节 R_p 的方法来改变静态工作点，如减小 R_p，可提高静态工作点。

调整放大器到合适的静态工作点，加入输入信号 u_i。在输出电压不失真的情况下，用交流毫伏表测出 u_i和 u_0的有效值，则电压放大倍数 Au $=U_0/U_i$。

为了测量放大器的输入电阻，在图 4－22 所示电路的输入端与信号源之间串入一已知电阻 R，在放大器正常工作情况下，用交流毫伏表测出 U_S和 U_i，则根据输入电阻的定义可得：

$$r_i=\frac{U_i}{I_i}=\frac{U_i}{\frac{U_R}{R}}=\frac{U_i}{U_S-U_i}R$$

在放大器正常工作情况下，用交流毫伏表测出放大器空载时的输出电压 U_{oC} 和接入负载后的输出电压 U_L，则根据 $U_L=\frac{R_L}{r_o+R_L}U_{oc}$，可得：$r_o=\left(\frac{U_{oc}}{U_{oL}}-1\right)R_L$。

三、实验仪器设备

(1) 双踪示波器　　1台
(2) 函数信号发生器　　1台
(3) 数字万用表　　1块
(4) 交流毫伏表　　1台
(5) 电路实验箱　　1台
(6) 导线　　若干

四、实验内容及步骤

按图 4-22 所示连接共射极单管放大器实验电路。

1. 静态工作点的测量

接通电源前，先将 R_p 调到最大值，信号源输出旋钮旋至零($U_s=0$)，使输入 $u_i=0$，调节 R_p 使 $I_c=1.2$mA，实验时为了避免直接测量电流，可采用测量晶体管发射极电压 U_E，使 $U_E=1.2$V。然后用万用表的直流电压挡测量 U_{BQ}、U_{CQ}、U_{EQ} 值，记录于表 4-11 中。

表 4-11　静态工作点的测量值

测量值($U_E=1.2$V)			计算值		
U_{BQ}(V)	U_{CQ}(V)	U_{EQ}(V)	U_{BEQ}(V)	U_{CEQ}(V)	I_c(mA)

2. 电压放大倍数的测量

(1)空载电压放大倍数。保持 $I_c=1.2$mA 时的静态工作点不变且将函数信号发生器产生的频率为 1kHz 的正弦信号从 B 点对地输入，调节信号源的输出旋钮使 $U_i=5$mV(有效值)，不接负载 R_L。用毫伏表测量输入电压 U_i、输出电压 U_{oc}，计算空载电压放大倍数 $A_u=\frac{U_{oc}}{U_i}$，用示波器观察输入信号和输出信号的波形，并将测量、观察的结果记入表 4-12 中。

(2)有载电压放大倍数。保持(1)的测试条件，接入负载 R_L。用毫伏表测量输入电压 U_i、输出电压 U_L，计算有载电压放大倍数 $A_u=\frac{U_L}{U_i}$，用示波器观察输入信号和输出信号的波形，并将测量、观察的结果记入表 4-12 中。

表 4-12　测量电压放大倍数

测量			计算	
U_i(mV)	U_{oc}(mV)	U_L(mV)	空载 A_u	有载 A_u

3. 输入电阻的测量

将函数信号发生器的输出由 B 点移至 A 点。增大低频信号发生器的输出幅度，用毫伏表测量，使其保持 $U_i=5\text{mV}$，然后测量 U_S，将结果记入表 4-13 中，根据 $r_i=\frac{U_i}{I_i}=\frac{U_i}{\frac{U_R}{R}}=\frac{U_i}{U_s-U_i}R$，计算输入电阻（注意：不能用毫伏表直接测量 U_R，因为毫伏表的接"地端"必须和被测电路有共同的接"地"点）。

4. 输出电阻的测量

将步骤(2)中测得的 U_{oc}、U_L，再记入表 4-13 中，根据 $r_o=\left(\frac{U_{oc}}{U_L}-1\right)R_L$，计算输出电阻。

5. 观察改变静态工作点对输出波形的影响

放大器空载，保持 $U_i=5\text{mV}$ 不变，增大和减小 R_p，用示波器观察输出波形的变化，并将观察的结果记入表 4-13 中。

表 4-13　测量输入、输出电阻

测输入电阻			测输出电阻		
U_i(mV)	U_S(mV)	$r_i(\Omega)$	U_{oc}(V)	U_L(V)	$r_o(\Omega)$

6. 应用 Multisim 10 软件对实验电路进行仿真实验，并将仿真数据与理论计算数据进行对比。

五、注意事项

(1) 在测量静态工作点时，应采用高内阻的电压表，并尽量用同一量程测量同一工作状态情况下各点电压值。

(2)测量时，各种信号源与测量仪器、仪表要共地。

六、实验报告要求

(1)整理测试、计算数据，填入相应表格，并画出波形。

(2)由实验结果分析放大器负载电阻 R_L 对放大倍数的影响。

(3)由实验结果分析静态工作点对输出波形失真的影响。

七、思考与问答

(1) 单管放大电路电容能否接反？

(2)当电路出现饱和或截止失真时,应怎样调整参数?

(3) 改变静态工作点时,对输入电阻有无影响? 为什么?

(4) 在计算电压放大倍数时,输入信号用信号发生器输出端开路时的测量值和用信号发生器输出端接入放大器后的测量值,有什么不同? 在什么条件下,两者可以近似相等?

(5)分析发生截止失真和饱和失真的原因,简述消除失真采用的办法。

第八节 差分放大电路

一、实验目的

(1)理解差分放大电路的工作原理、电路特点和抑制零点漂移的方法。

(2)掌握差分放大电路零点调整方法和静态工作点的测试方法。

(3)掌握差分放大电路差模电压放大倍数和共模电压放大倍数的测量方法。

二、实验原理

差分放大电路如图 4-24 所示。它是由两个元器件参数相同的基本共射极放大电路组成的,具有放大差模信号、抑制共模信号的作用。调零电位器 R_p 用来调节 T_1、T_2 管的静态工作点,使得输入信号 $U_i=0$ 时,双端输出电压 $U_o=0$。R_1、R_2、R_E、T_3 构成恒流源,可以抑制零点漂移,稳定静态工作点。其静态值可用下面公式估算:

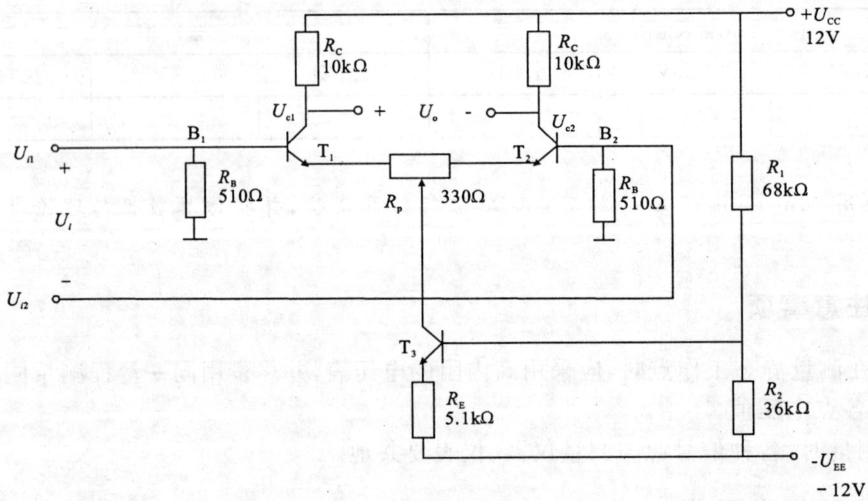

图 4-24 差分放大电路

$$I_{C3}\approx I_{E3}\approx\frac{\frac{R_2}{R_1+R_2}(U_{CC}+|U_{EE}|)-U_{BE}}{R_E},\quad I_{C1}=I_{C2}=\frac{1}{2}I_{C3}$$

当输入差模信号时,差分放大电路对其具有放大作用。差模电压放大倍数 A_d 由输出方式决定,而与输入方式无关。

双端输出：$A_d=\dfrac{\Delta U_o}{\Delta U_i}\approx-\dfrac{\beta R_C}{R_B+r_{be}}$

单端输出：$A_{d1}=\dfrac{\Delta U_{C1}}{\Delta U_i}=\dfrac{1}{2}A_d$，$A_{d2}=\dfrac{\Delta U_{C2}}{\Delta U_i}=-\dfrac{1}{2}A_d$

当输入共模信号时，差分放大电路对其具有抑制作用。若为单端输出，则有共模电压放大倍数 $A_{C1}=A_{C2}=\dfrac{\Delta U_{C1}}{\Delta U_i}\approx-\dfrac{R_C}{2R_E}$；若为双端输出，在理想情况下有 $A_C=0$。

差分放大电路的输入信号可采用直流信号也可采用交流信号。

共模抑制比是一个全面衡量差分放大电路对差模信号（有用信号）的放大能力和对共模信号的抑制能力的综合指标，其定义为

$K_{CMRR}=\left|\dfrac{A_d}{A_C}\right|$ 或 $K_{CMRR}=20\lg\left|\dfrac{A_d}{A_C}\right|$ (dB)

显然，共模抑制比越大，差分放大电路分辨所需要的差模信号的能力越强，而受共模信号的影响越小，零点漂移越小，抗共模干扰能力越强。提高共模抑制比的手段，一是尽可能使电路参数对称，二是尽可能加大电阻 R_E。

三、实验仪器和设备

(1) 函数信号发生器　1台
(2) 数字万用表　1块
(3) 交流毫伏表　1台
(4) 双踪示波器　1台
(5) 电路实验箱　1台
(6) 导线　若干

四、实验内容及步骤

1. 调零并测量静态工作点

(1)按图 4-24 接线，并将输入端短路接地，U_{CC}、U_{EE} 分别接入+12V、-12V 直流电源电压。调节调零电位器 R_P，同时用万用表监测双端输出 U_o，使 $U_o=0$。

(2)测量晶体管 T_1、T_2、T_3 各极对地电位，并将测量结果填入表 4-14。

表 4-14　测量静态工作点

	T_1			T_2			T_3		
对地电位	U_{C1}(V)	U_{B1}(V)	U_{E1}(V)	U_{C2}(V)	U_{B2}(V)	U_{E2}(V)	U_{C3}(V)	U_{B3}(V)	U_{E3}(V)
测量值(V)									

2. 测量差模电压放大倍数

用直流稳压电源的输出作为输入信号，使 $U_{i1}=0.1$V，$U_{i2}=-0.1$V。用万用表分别测量 U_{C1}、U_{C2}、U_o，将结果填入表 4-15，并计算差模电压放大倍数 A_{d1}、A_{d2}、A_d。

表 4-15 测量差模电压放大倍数

U_{i1}(V)	U_{i2}(V)	U_{C1}(V)	U_{C2}(V)	U_o(V)	A_{d1}	A_{d2}	A_d
+0.1	−0.1						

3. 测量共模电压放大倍数

将输入端 B_1、B_2 短接，使 $U_{i1}=0.1V$，则 $U_{i2}=0.1V$。用万用表分别测量 U_{C1}、U_{C2}、U_o，将结果填入表 4-16，并计算共模电压放大倍数 A_{C1}、A_{C2}、A_C。

表 4-16 测量共模电压放大倍数

U_{i1}(V)	U_{i2}(V)	U_{C1}(V)	U_{C2}(V)	U_o(V)	A_{C1}	A_{C2}	A_C
+0.1	+0.1						

4. 计算共模抑制比

利用表 4-15 和表 4-16 中的结果，计算共模抑制比 $K_{CMRR}=\left|\frac{A_d}{A_c}\right|=$________。

5. 单端输入(不对称输入)差分放大电路测量

(1)将 B_2 接地，成为单端输入的差分放大电路。使 $U_{i1}=0.1V$，用万用表测量 U_{C1}、U_{C2}、U_o，将结果填入表 4-17，并计算电压放大倍数 A_{U1}、A_{U2}、A_U。

(2)从函数信号发生器输出 50mV(有效值)、1kHz 的正弦交流信号，接至 B_1 端，用毫伏表测量 U_{C1}、U_{C2}、U_o，将结果填入表 4-17，并计算电压放大倍数 A_{U1}、A_{U2}、A_U。输入交流信号时，用示波器监测 u_{C1}、u_{C2} 波形。若有失真，可减小输入信号，使 u_{C1}、u_{C2} 波形都不失真。

表 4-17 测量单端输入差分放大电路的电压放大倍数

测量、计算值 / 输入信号	电压值			放大倍数		
	U_{C1}(V)	U_{C2}(V)	U_o(V)	A_{U1}	A_{U2}	A_U
直流+0.1V						
正弦交流 50mV、1kHz						

五、注意事项

测量静态工作点和动态指标前，一定要先调零。

六、实验报告要求

(1)整理测量数据、计算对应的电压放大倍数，并填入相应的表格。

(2)根据电路参数，计算各种接法的电压放大倍数，并与测量计算出的数值进行比较。

(3)比较双端输入时，U_{i1} 与 U_{C1}、U_{i2} 与 U_{C2} 的相位关系；单端输入时，U_i 与 U_{C1}、U_{C2} 的相

位关系。

七、思考与问答

(1)双端输入、单端输入及共模输入时,实验电路的输入端与信号源的输出端应如何连接?画图说明。

(2)测量差模放大倍数与共模放大倍数应选用什么测量仪器(如示波器、交流毫伏表)?为什么?

(3)差分放大电路调零时,为什么要把输入端接地?怎样用示波器进行零点检测?

第九节　集成运算放大器的线性应用

一、实验目的

(1)掌握由集成运算放大器组成比例、加法、减法基本运算电路的功能。

(2)正确理解运算电路中各元件参数之间的关系和“虚短”、“虚断”的概念。

(3) 学会比例、加法、减法运算电路的测试及分析方法。

二、实验原理

集成运算放大器是一个集成化的高放大倍数的直接耦合放大电器。接入深度负反馈后可构成各种信号运算电路,如比例、加法、减法等数学运算。

(1)反相比例运算电路,如图 4-25 所示,$u_o=-\frac{R_E}{R_1}u_i$;

(2)同相比例运算电路,如图 4-26 所示,$u_o=(1+\frac{R_E}{R_1})u_i$;

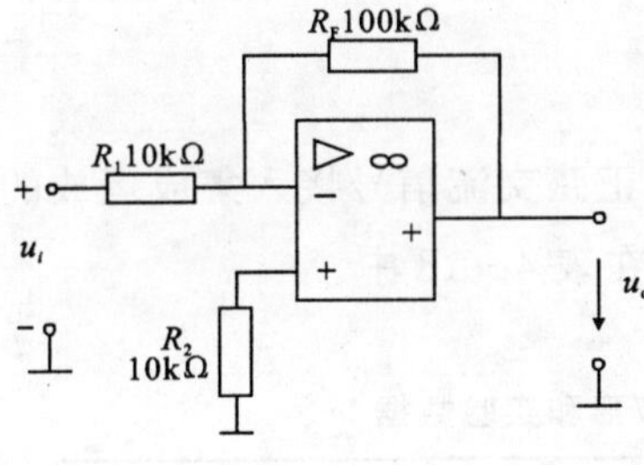

图 4-25　反相比例运算电路

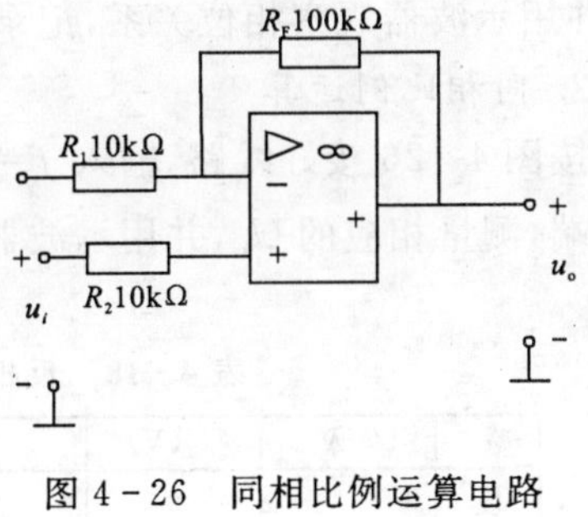

图 4-26　同相比例运算电路

(3)反相加法运算电路,如图 4-27 所示,$u_o=-(\frac{R_E}{R_1}u_{i1}+\frac{R_E}{R_2}u_{i2})$;

(4)减法运算电路,如图 4-28 所示,$u_o=(1+\frac{R_E}{R_1})u_{i2}-\frac{R_E}{R_1}u_{i1}$;

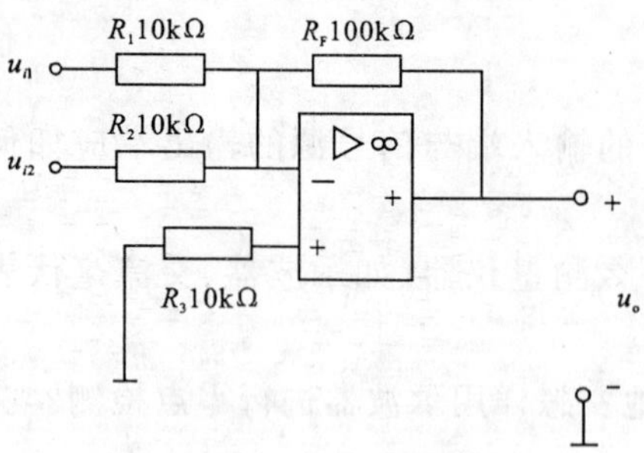

图 4-27 反相加法运算电路

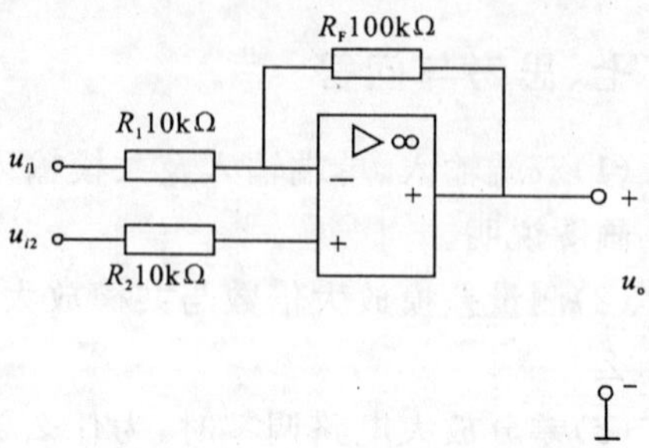

图 4-28 减法运算电路

三、实验仪器和设备

(1)数字万用表 1块

(2)示波器 1台

(3)函数信号发生器 1台

(4)直流稳压电源 1台

(5)电路实验箱 1台

(6)导线 若干

四、实验内容及步骤

1. 反相比例运算

按图 4-25 接好线路，接通±12V 电源，输入端对地短接($u_i=0$)，进行调零和消振，即调整调零电位器，使 $U_o=0$。

输入 $f=100$Hz,$U_i=0.5$V 的正弦交流信号接入集成运放的反相输入端，测量相应的 U_o，并用示波器观察相位关系，记录在表 4-18 中。

2. 同相比例运算

按图 4-26 接好线路，输入 $f=100$Hz,$U_i=0.5$V 的正弦交流信号接入集成运放的同相输入端，测量相应的 U_o，并用示波器观察相位关系，记录在表 4-18 中。

表 4-18 反相比例、同相比例运算的波形和实验数据

	U_i(V)	U_o(V)	波形	A_u 实测值	A_u 计算值
反相比例	0.5		u_i 波形 u_o 波形		
同相比例	0.5		u_i 波形 u_o 波形		

3. 反相加法运算

按图 4-27 接好线路，输入信号为直流信号，取值如表 4-19 所示，测量 U_o 并记录于表 4-19 中。

4. 减法运算

按图 4-28 接好线路，输入信号为直流信号，取值如表 4-19 所示，测量 U_o 并记录于表 4-19 中。

表 4-19　反相加法、减法运算的实验数据

	U_{i1}(V)	U_{i2}(V)	U_o(V)实测值	U_o(V)计算值
反相加法	−0.3	0.2		
	0.3	0.2		
	0.5	0.4		
减法	1	0.5		
	0.8	0.3		
	0.2	−0.2		

按照自己设计的电路接线，实现 $u_o = u_i$ 的运算关系。输入不同数值的信号，测量输出电压的数值。自己设计表格，记录测量数据，验证设计的正确性。（选做）

按照自己设计的电路接线，实现同相加法运算关系。输入不同数值的信号，测量输出电压的数值。自己设计表格，记录测量数据，验证设计的正确性。（选做）

5. 应用 Multisim 10 软件对实验电路进行仿真实验，并将仿真数据与理论计算数据进行对比。

五、注意事项

(1)运算放大器接入±12V 电源，将正电源的负极和负电源的正极连接后，与实验电路的接地端相连。

(2)运算放大器输出端不能接地。

(3)$u_i = 0$ 是指将运算电路的输入端接地。

(4)测任何电压时，数字电压表的黑表笔线始终接实验电路的接地端。

六、实验报告要求

(1) 整理所测数据，与理论值相比较。

(2) 绘出积分电路的输入、输出波形。

(3) 判断以上各电路的反馈类型。

七、思考与问答

(1)对双电源供电的集成运算放大器能否用单电源供电？若不能，说明原因；若能，则说明实施办法。

(2)在反相放大电路中,放大倍数与 R_1、R_F 的关系是怎样的?如何使反相比例放大器变为倒相器?

(3)在同相比例运算电路中,若 R_1 不接,或 R_F 短路,测试结果会有什么不同?从电路的工作原理进行分析。

第十节　积分与微分电路

一、实验目的

(1)了解集成运放组成的积分器和微分器的工作原理及电路的基本形式。

(2)学会用示波器观察和测量积分器和微分器的输出波形、输入波形及相位。

二、实验原理

1. 积分电路

积分电路可以实现对输入信号的积分运算,电路如图 4-29 所示。利用"虚短"和"虚断"的概念,以及电容两端电压与电流的关系可得:

$$u_o = \frac{1}{R_1 C_1}\int u_i(t)\mathrm{d}t$$

图 4-29 中,R_2 为平衡电阻,且有 $R_2 = R_1$。

当输入信号 u_i 为一对称方波信号时,输出电压 u_o 为一对称的三角波,且输出电压与输入电压的相位相反,如图 4-30 所示。

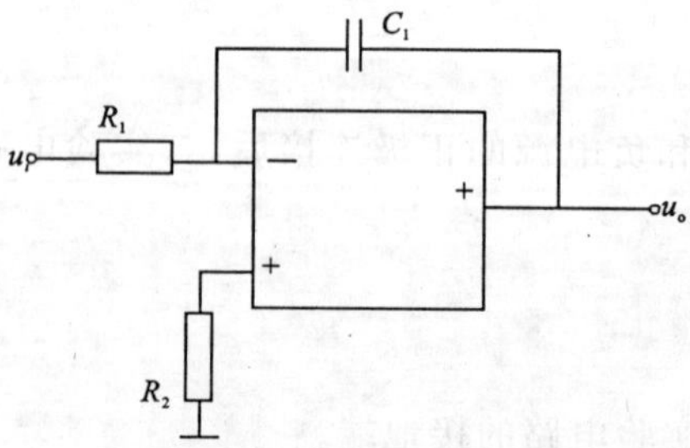

图 4-29　积分电路

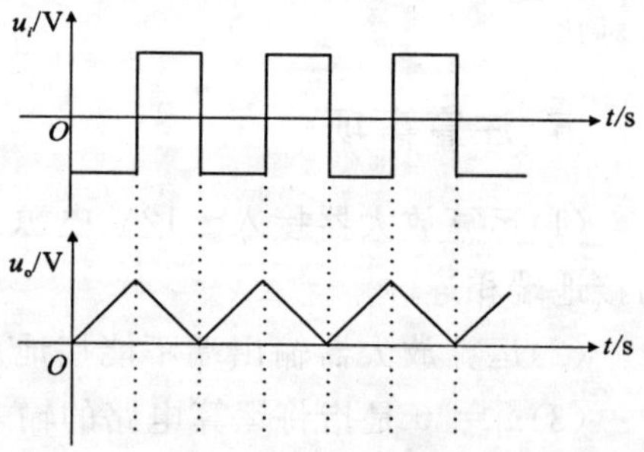

图 4-30　积分电路输入输出波形

2. 微分电路

微分电路可以实现对输入信号的微分运算,电路如图 4-31 所示。利用"虚短"和"虚断"的概念以及电容两端电压与电流的关系可得:

$$u_o = \frac{1}{R_3 C_2}\frac{\mathrm{d}u_i(t)}{\mathrm{d}t}$$

图 4-31 中,R_4 为平衡电阻,且有 $R_4 = R_3$。

当输入信号 u_i 为一对称三角波信号时,输出电压 u_o 为一对称的方波,且输出电压与输入电压的相位相反，如图 4 - 32 所示。

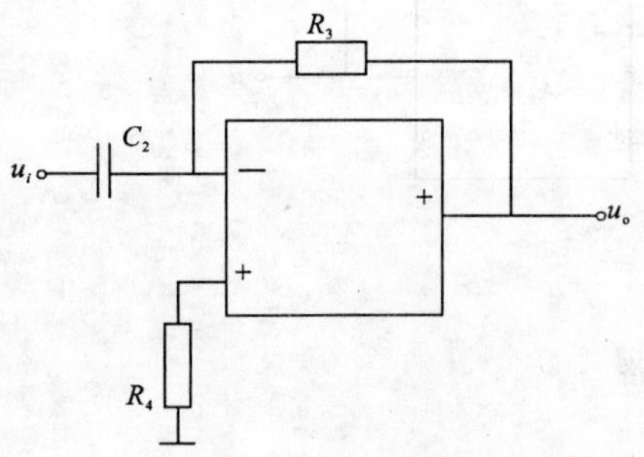

图 4 - 31 微分电路

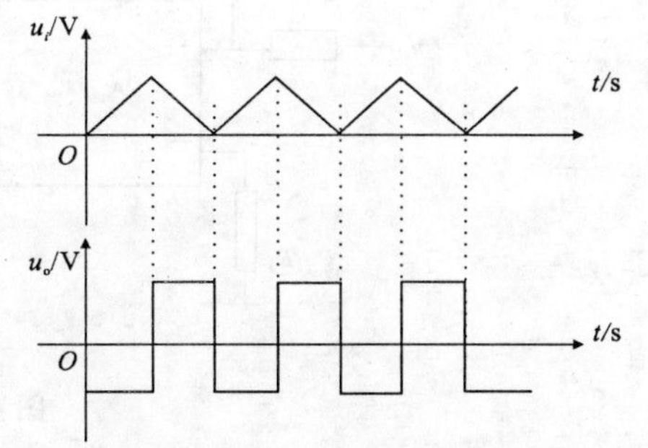

图 4 - 32 微分电路输入输出波形

三、实验仪器和设备

(1) 数字万用表 1块
(2) 双踪示波器 1台
(3) 函数信号发生器 1台
(4) 电路实验箱 1台
(5) 导线 若干

四、实验内容与步骤

1. 积分电路

按图 4 - 29 连接电路，取 $R_1=R_2=10\text{k}\Omega$，$C_1=0.1\mu\text{F}$，运放型号为 358，接±12V 电源。

(1)输入端接入 100Hz、幅值为±2V 的方波，观察输入输出波形并记录波形；

(2)输入端改接 100Hz、有效值为 1V 的正弦波，观察输入输出波形并记录波形；

(3)改变输入信号频率，观察输入输出波形。

2. 微分电路

按图 4 - 31 重新连接电路，取 $R_3=R_4=10\text{k}\Omega$，$C_2=0.22\mu\text{F}$，运放型号为 358，接±12V 电源。

(1)输入端接入 200Hz、幅值为±2V 的三角波，观察输入输出波形并记录波形；

(2)输入端改接 200Hz、有效值为 1V 的正弦波，观察输入输出波形并记录波形；

(3)改变输入信号频率，观察输入输出波形。

3. 积分-微分电路

按图 4 - 33 连接电路。

(1)输入端 u_i 处输入一个幅值为±2、频率为 1.8kHz 的方波信号，用示波器分别观察 u_1 及 u_o 的波形，并将波形记录下来。

(2)改变输入信号频率，再用示波器观察输入输出波形，并记录波形。

4. 对实验电路进行仿真实验，并将仿真结果与实验结果进行对比。

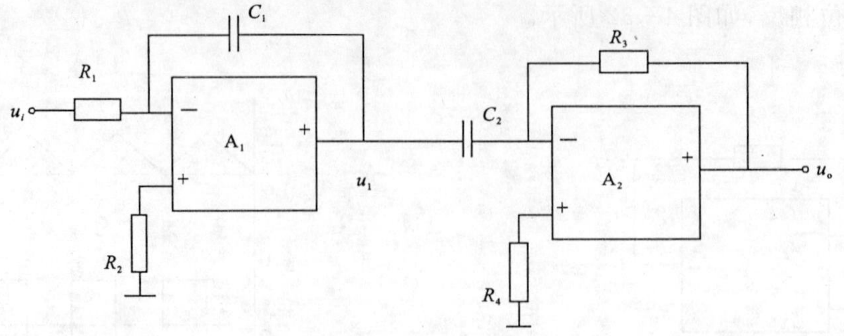

图 4-33 积分-微分电路

五、注意事项

(1)运算放大器接入±12V 电源，将正电源的负极和负电源的正极连接后，与实验电路的接地端相连。

(2)$u_i=0$ 是将运算电路的输入端接地，不能将信号源的输出端接地。

六、实验报告要求

(1)整理所测数据，与理论值相比较。

(2)绘出积分-微分电路的输入、输出波形。

(3)判断以上各电路的反馈类型。

七、思考与问答

(1) 对双电源供电的集成运算放大器能否用单电源供电？若不能，说明原因；若能，则说明实施办法。

(2)时间常数的大小对输出波形有什么影响？

第十一节 整流滤波与稳压电路

一、实验目的

(1)熟悉单相半波、桥式整流电路结构及工作原理。

(2)了解电容滤波与π形滤波的作用。

(3)学习三端集成稳压电路的使用方法。

(4)学习直流稳压电源的组成原理及测试方法。

二、实验原理

直流稳压电源由电源变压器、整流、滤波和稳压电路四部分组成，如图 4-34 所示。电源变压器是将电网供给的(220V，50Hz)的市电降压，经整流电路变换成方向不变、大小随时间变化的脉动电压，再经滤波电路滤去其交流分量，就可以得到比较平直的直流电压。但这样的直流电压还会随电网的波动和负载的变化而变化。对于直流供电要求较高的场合，还需要使用直流稳压电路，以保证输出直流电压更加稳定。

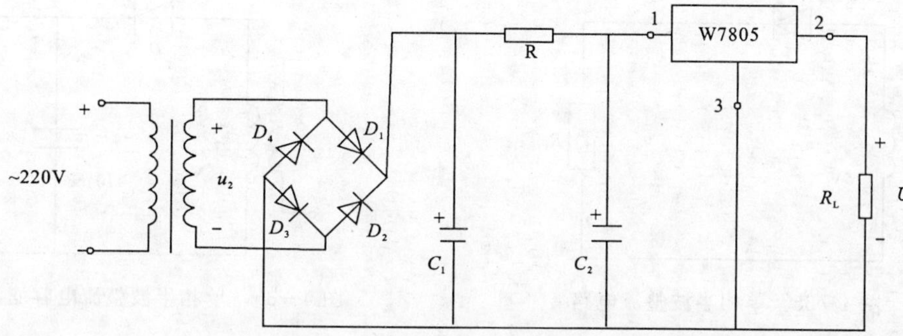

图 4－34　直流稳压电源电路

整流电路是利用二极管的单向导电性，将交流电变成单向脉动的直流电。常用的单相整流电路分为半波整流和桥式整流。

单相半波整流的输出电压平均值 $U_o = 0.45U_2$；单相桥式整流的输出电压平均值 $U_o = 0.9U_2$。

滤波电路可减小脉动电压的交流分量。常用的滤波电路有电容滤波、电感滤波和 π 型滤波。电容滤波电路简单，滤波效果好，是一种应用最多的滤波电路。选择合适的电容滤波，其输出电压与变压器二次测电压之间的关系如下：

单相半波整流电容滤波 $U_o = U_2$；单相桥式整流电容滤波 $U_o = 1.2U_2$；空载 $U_o = 1.414U_2$。

电容滤波的外特性较差，当电容 C 一定时，负载电阻 R_L 减小，会使时间常数减小，输出电压平均值 U_o 随之下降。

稳压电路的种类很多，常用的稳压电路有稳压管稳压电路、串联稳压电路和集成稳压电路。三端集成稳压器使用简单，稳压效果好。常用的有 W7800 系列（输出正电压）和 W7900 系列（输出负电压）。

三、实验仪器和设备

(1)数字万用表	1 块
(2)双踪示波器	1 台
(3)电路实验箱	1 台
(4)直流电流表	1 块
(5)导线	若干

四、实验内容及步骤

1. 单相半波整流滤波电路

(1)按图 4－35 接线，检查无误后，接通电源。用万用表分别测量 U_2、U_o，并用示波器观察 u_2、u_o 的波形。将结果记入表 4－20。

(2)断开电源,按图 4-36 接入电容器,检查无误后,接通电源。用万用表分别测量 U_2、U_o,并用示波器观察 u_2、u_o的波形。将结果记入表 4-20。

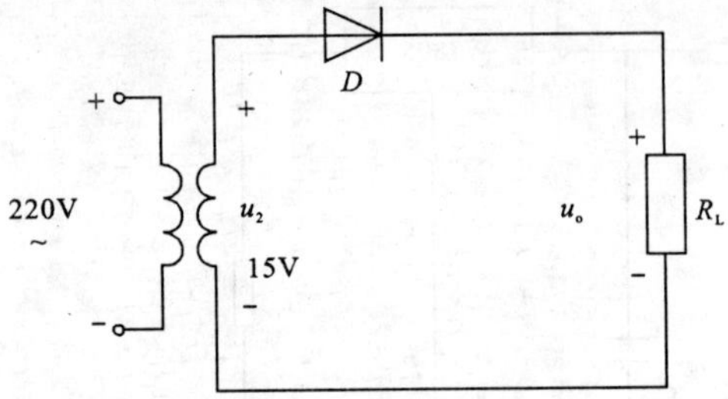

图 4-35　单相半波整流电路

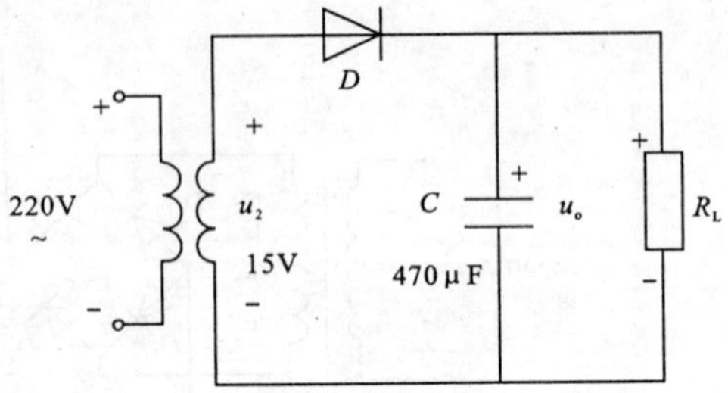

图 4-36　单相半波整流电容滤波电路

2. 单相桥式整流滤波电路

(1)按图 4-37 接线,检查无误后,接通电源。用万用表分别测量 U_2、U_o,并用示波器观察 u_2、u_o的波形。将结果记入表 4-20。

(2)断开电源,按图 4-38 接入电容器。检查无误后,接通电源。用万用表分别测量 U_2、U_o,并用示波器观察 u_2、u_o的波形。将结果记入表 4-20。

(3)断开电源,按图 4-39 接成桥式整流 RCπ 形滤波电路。检查无误后,接通电源。用万用表分别测量 U_2、U_o,并用示波器观察 u_2、u_o的波形。将结果记入表 4-20。

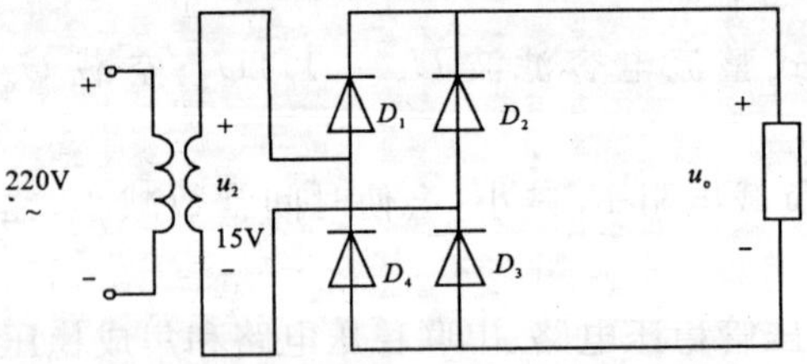

图 4-37　单相桥式整流电路

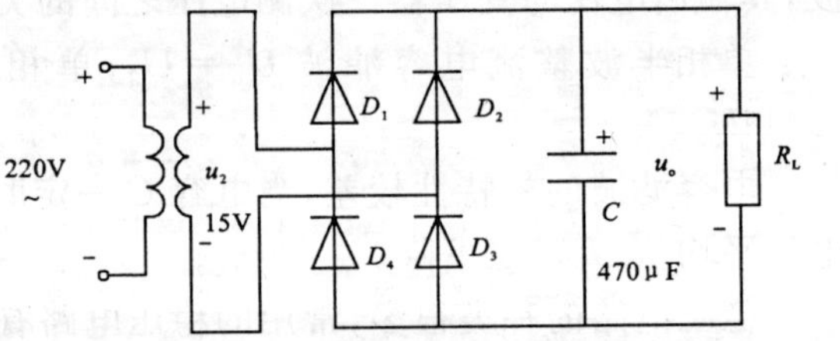

图 4-38　单相桥式整流电容滤波电路

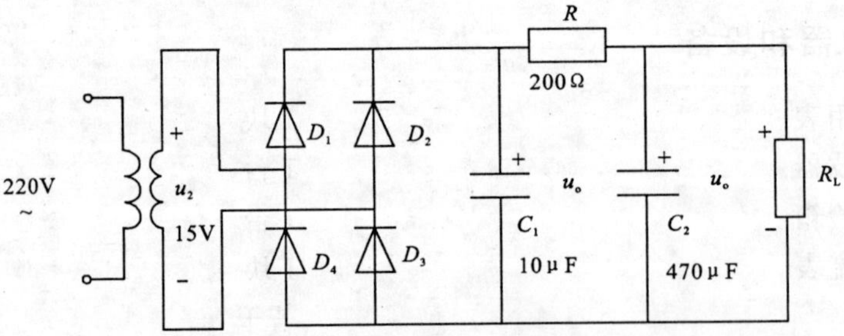

图 4-39　单相桥式整流 RCπ 形滤波电路

表 4－20　整流滤波电路的实验数据小波形

电路形式	U_2(V)	U_o(V)(实测值)	U_o(V)(计算值)	R_L(kΩ)	I_L(mA)	u_2波形	u_o波形
单相半波无滤波				2			
单相半波C滤波				2			
单相桥式无滤波				2			
单相桥式C滤波				2			
单相桥式π形滤波				2			

3. 集成稳压器测试(选做)

按图 4－40 接线，在负载侧串入电流表。改变负载电阻 R_L，测量输出电压、电流，填入表 4－21 中，绘出外特性曲线。

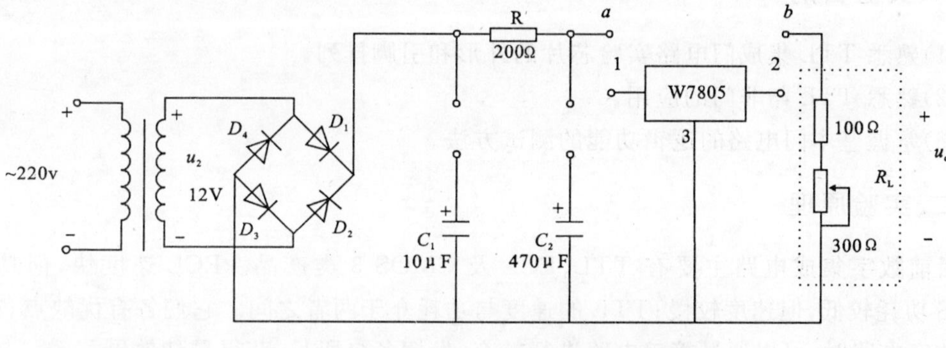

图 4－40　整流、滤波、稳压电路

表 4－21　测量集成稳压器的输出电压

输出电流(mA)	0	40	60	80	100
输出电压(V)					

五、注意事项

(1) 变压器二次测电压 U_2 为交流电压有效值，用万用表交流电压挡测量；输出直流电压 U_o 为平均值，用万用表直流电压挡测量。

(2) 观察不同滤波电路的输出波形时，应固定垂直灵敏度旋钮 V/DIV。

(3) 注意二极管的极性，切勿接反。

六、实验报告要求

(1)整理数据，将实测值与理论计算值相比较，如有误差，分析其原因。

(2)桥式整流电路中，若其中任一二极管接反，会出现什么后果？若4个二极管全接反了，行不行？

七、思考与问答

(1)在半波整流和桥式整流电路中，各二极管应如何选取？

(2)在桥式整流中，$D_1 \sim D_4$ 承受的最大反向电压各是多少？

(3)验证无滤波时，负载整流电压。

(4)在桥式整流中，若有一管子的电极接反了，你估计会出现什么问题？

(5)在单相桥式整流电路中，如果①D_3断开；②D_3被击穿短路；③D_3极性接反；试分别说明其后果如何？

(6) 滤波电容的大小对输出电压及波形有何影响？

第十二节　集成门电路逻辑功能转换及测试

一、实验目的

(1)熟悉 TTL 集成门电路实验芯片的外形和引脚排列。

(2)熟悉 TTL 与非门的应用。

(3)掌握基本门电路的逻辑功能的测试方法。

二、实验原理

目前数字集成电路主要有 TTL、ECL 及 CMOS 3 类产品。ECL 速度快，但功耗大；CMOS 功耗较低，但速度较慢；TTL 的速度与功耗介于两者之间。它们各有优缺点，在构成具体数字电路时，可以通过接口电路进行补充，发挥各自所长，获得最佳效果。

TTL 集成与非门是数字电路中广泛使用的一种逻辑门。74LS00 是二输入四与非门芯片，其内部有 4 个相互独立的与非门，每个与非门有 2 个输入端和 1 个输出端。74LS00 芯片的管脚排列如图 4-41 所示。

利用逻辑代数的基本运算法则，可以用与非的逻辑关系实现“与”、“非”、“或”、“或非”、“异或”、“同或”等逻辑运算。例如，当只使用一个输入端，其余输入端悬空(相当于接 1)，或者将几个输入端并在一起接输入信号时(图 4-42)，具有非门的功能。

用与非门可以组成控制门。逻辑门对数字信号有控制作用，就是利用逻辑门的逻辑功能在门的一端加上控制信号(1 或 0)，由控制信号决定门电路的打开或关闭。当门电路处于打开状态时，数字信号被传输，当门电路处于关闭状态时，数字信号被封锁。如图 4-43 所示，A 为控制端，B 为信号输入端。当 $A=0$ 时，无论 B 端信号如何，输出端 $Y=1$，相当于关门。当 $A=1$ 时，输出端 Y 的状态才随输入信号 B 变化而改变，相当于开门。

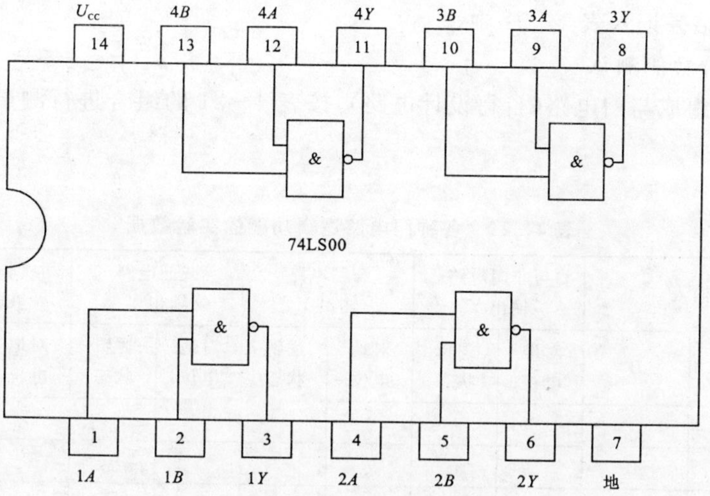

图 4-41　74LS00 的管脚排列

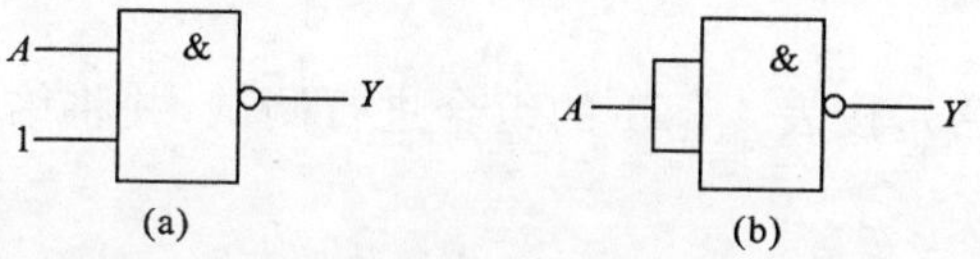

图 4-42　与非门组成非门

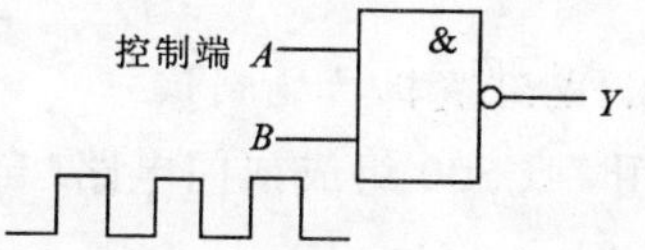

图 4-43　与非门组成控制门

三、实验仪器和设备

(1)数字万用表	1 块
(2)双踪示波器	1 台
(3)74LS00 二输入四与非门	1 片
(4)74LS86 二输入四异或门	1 片
(5)电路实验箱	1 台

四、实验内容及步骤

1. 与非门逻辑功能测试

(1)找到 74LS00 组件的“1”号标识位，将其插入实验箱上的 14 脚插座板上。注意组件管脚的序号要与插座板上的序号一致，要分清楚“电源”、“地”、“输入”、“输出”的管脚序号。

(2)取一根导线，一端接“地”，另一端接与非门的一个输入端，其余输入端悬空，输出端接发光二极管 LED，此时发光二极管亮；若将接地导线断开，则发光二极管不亮，说明此输入端完好。用同样方法检查另外几个输入端。不好的输入端要做出记号，实验过程中不要用它。

(3)按表 4-41 中输入 A、B 的组合方式，测试与非门的逻辑功能。输入端 A、B 所需的“0”、“1”电平由逻辑拨位开关提供，开关向上为逻辑“1”，相应灯亮；开关向下为逻辑“0”，相应灯灭。输出端 Y 可用万用表直接测量，也可接 LED 判断逻辑状态，灯亮为逻辑“1”，灯灭为逻辑“0”。将结果记入表 4－21 中。

2. 与门逻辑功能测试

用 74LS00 组成与门电路(自行设计电路)，按表 4－21 的组合进行测试，并将结果记入表 4－21。

表 4－21 各种门电路逻辑功能的实验数据

输入		与非门电路输出 Y		与门电路输出 Y		或门电路输出 Y		或非门电路输出 Y	
A	B	对地电位	逻辑状态	对地电位	逻辑状态	对地电位	逻辑状态	对地电位	逻辑状态
0	0								
0	1								
1	0								
1	1								

3. 或门逻辑功能测试

用 74LS00 组成或门电路(自行设计电路)，按表 4－21 的组合进行测试，并将结果记入表 4－21。

4. 或非门逻辑功能测试

用 74LS00 组成或非门电路(自行设计电路)，按表 4－21 的组合进行测试，并将结果记入表 4－21。

5. 异或门逻辑功能测试

74LS86 二输入四异或门的管脚排列如图 4－44 所示。找到 74LS86 组件的“1”号标识位，将其插入实验箱上的 14 脚插座板上。按表 4－22 的组合进行测试，并将结果记入表 4－22。

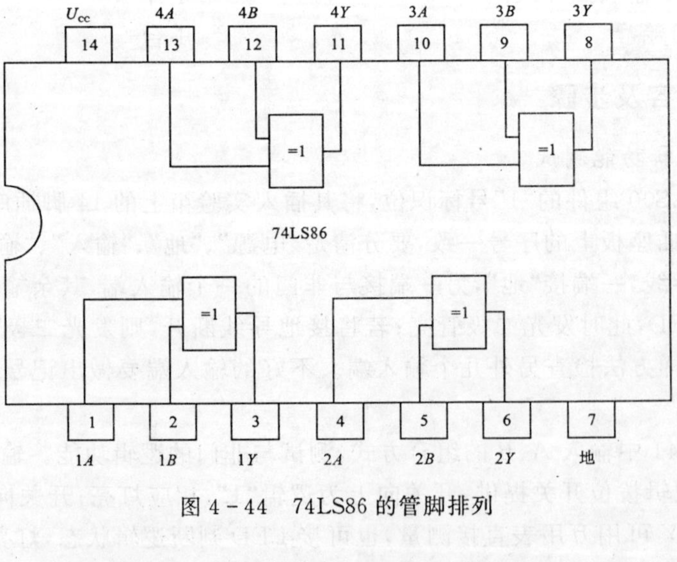

图 4－44 74LS86 的管脚排列

6. 同或门逻辑功能测试

用 74LS00、74LS86 组成同或门电路（自行设计电路），按表 4-22 的组合进行测试，并将结果记入表 4-22。

表 4-22　异或门、同或门逻辑功能的测试数据

输入		异或门输出 Y		同或门输出 Y	
A	B	对地电位	逻辑状态	对地电位	逻辑状态
0	0				
0	1				
1	0				
1	1				

7. 与非门控制功能测试

选 74LS00 的一个与非门，将与非门的一个输入端接脉冲信号（$f=1\text{kHz}$），另一输入端接电平开关。如图 4-45 所示，用双踪示波器分别观察，当电平开关输出为"1"和"0"时的输入、输出波形，自己设计表格，将波形分别记录下来。

8. 与门控制功能测试（选做）

用 74LS00 组成与门，将与门的一个输入端接脉冲信号（$f=1\text{kHz}$），另一输入端接电平开关。用双踪示波器分别观察，当电平开关输出为"1"和"0"时的输入、输出波形，自己设计表格，将波形分别记录下来。

图 4-45　与非门控制功能测试接线（CP 为脉冲信号）

9. 或门控制功能测试（选做）

用 74LS00 组成或门，将或门的一个输入端接脉冲信号（$f=1\text{kHz}$），另一输入端接电平开关。用双踪示波器分别观察，当电平开关输出为"1"和"0"时的输入、输出波形，自己设计表格，将波形分别记录下来。

五、注意事项

(1)仔细核对各管脚功能，不能接错。

(2)输出端不能接地。

六、实验报告要求

(1)写出用与非门组成与门、或门、或非门、异或门、同或门的逻辑表达式，并分别画出逻

辑电路图。

(2)整理数据，填写相应的表格，画出相应的波形。

(3)与非门在什么情况下输出高电平，什么情况下输出低电平？

(4)如果与非门一个输入端接连续脉冲信号，其余输入端是什么状态时允许脉冲通过？通过时，输入和输出波形有何异同？如果换成与门、或门、或非门呢？

七、思考与问答

(1)集成与非门有多个输入端，对不使用的输入端应如何处理？

(2)复习逻辑代数的运算法则，能熟练地进行逻辑函数化简。

第十三节　集成触发器及其应用

一、实验目的

(1)掌握用集成与非门组成基本 RS 触发器的方法并验证其逻辑功能。

(2)掌握集成 JK、D 和 T 触发器的逻辑功能、触发方式和测试方法。

(3)熟悉触发器之间的相互转换方法及其应用。

二、实验原理

触发器是构成时序逻辑电路的基本逻辑单元。它有“0”和“1”两个稳定状态，只有在触发信号的作用下，才能从原来的稳定状态翻转为新的稳定状态。因此，触发器是一种具有记忆功能的电路，可作为二进制存储单元使用。触发器种类很多，按其功能可分为基本 RS 触发器、JK 触发器和 D 触发器等，按电路的触发方式又可分为电平触发器和边沿触发器等。

1. 基本 RS 触发器

图 4－46 所示是由两个与非门交叉耦合构成的基本 RS 触发器。它是各种触发器中最基本的组成部分，能储存一位二进制信息，但有一定约束条件，即$\overline{R}_D$、$\overline{S}_D$不能同时为“0”，否则当$\overline{R}_D$、$\overline{S}_D$端的“0”电平同时撤消后，触发器的状态不定。因此$\overline{R}_D=\overline{S}_D=0$ 的情况不允许出现。

2. JK 触发器和 D 触发器

在输入信号为双端的情况下，JK 触发器是通用性较强、功能完善、抗干扰性能好的一种触发器。在输入信号为单端的情况下，D 触发器用起来更加方便。图 4－47 所示为 JK 触发器和 D 触发器的逻辑符号。图中 $\overline{R}_D$是直接置“0”端，$\overline{S}_D$是直接置“1”端，当 $\overline{R}_D$或 $\overline{S}_D$加“0”信号时，触发器状态不受时钟脉冲 CP 及控制输入端状态的影响。

在 $R_D=S_D=1$ 时，触发器输出的状态取决于输入的状态，但触发器翻转的时间受时钟脉冲 CP 的控制。若 CP 端有小圆圈，则表示该触发器在 CP 脉冲的下降沿翻转，若 CP 端没有小圆圈，则表示该触发器在 CP 脉冲的上升沿翻转。若 JK 和 D 有两个以上的输入端时，则各输入端子间是“与”的关系。

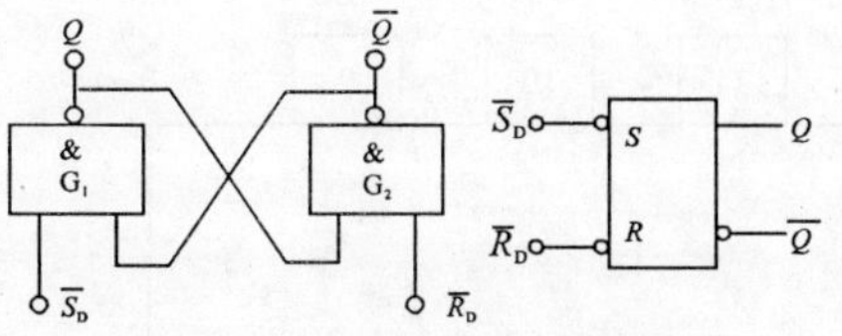

图 4-46 基本 RS 触发器的组成和符号

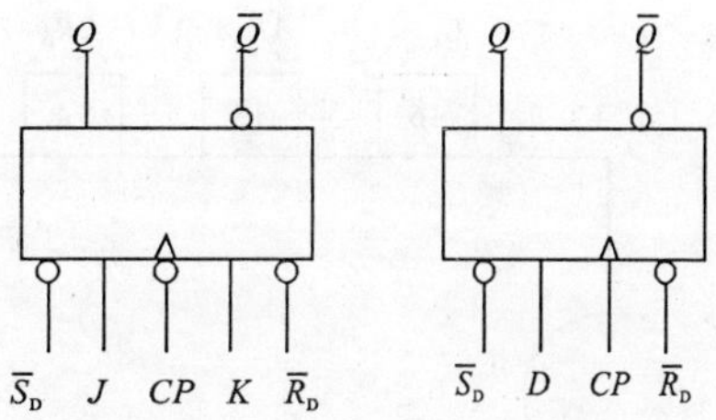

图 4-47 边沿触发的 JK 触发器和 D 触发器符号

三、实验仪器设备

(1)74LS00 集成与非门 1 片
(2)74LS112 双 JK 触发器 1 片
(3)74LS74 双 D 触发器 1 片
(4)数字万用表 1 台
(5)数字实验箱 1 台
(6)双踪示波器 1 台
(7)函数信号发生器 1 台

四、实验内容及步骤

(一)基本 RS 触发器逻辑功能测试

用 74LS00 的两个与非门组成一个基本 RS 触发器,如图 4-46(a)所示。输入端 $\overline{R}_D$、$\overline{S}_D$ 接实验箱上的逻辑电平拨位开关,输出端接电平显示(发光二极管)。改变输入状态,按表 4-23的要求测试,并将结果记入表 4-23。

表 4-23 基本 RS 触发器逻辑功能测试数据

$\overline{S}_D$	$\overline{R}_D$	Q_n	Q_{n+1}	$\overline{Q}_{n+1}$	功能
1	1	0			
		1			
1	0	0			
		1			
0	1	0			
		1			
0	0	0			
		1			

(二)JK 触发器逻辑功能测试

选用 74LS112 双 JK 触发器,其管脚排列如图 4-48 所示。

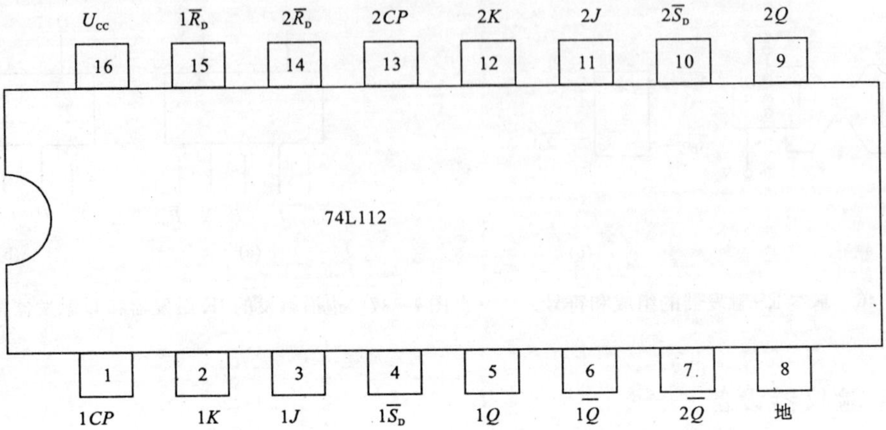

图 4-48　74LS112 双 JK 触发器的管脚排列

1. 清除功能测试

将 JK 触发器的 J、K、CP 端悬空，按表 4-24 中所示 $\overline{R}_D$ 端的状态，用万用表测试 Q、$\overline{Q}$ 端的电位，并转换成逻辑状态填入表 4-24 中。

表 4-24　JK 触发器逻辑功能的测试

$\overline{R}_D$	CP	J	K	Q	$\overline{Q}$	触发器状态
0	×	×	×			
1	×	×	×			

2. 逻辑功能测试

(1)从 CP 端输入单脉冲，按表 4-25 所示，改变 J、K 的状态，测试其逻辑功能，并将结果记入表 4-25 中。

表 4-25　JK 触发器逻辑功能的测试

J	K	Q_n	Q_n+1	功能
0	0	0		
		1		
0	1	0		
		1		
1	0	0		
		1		
1	1	0		
		1		

(2)将 JK 触发器接成计数状态(即 $J=K=1$)，给 CP 端加连续脉冲(连续脉冲对外接电容 470μF)，Q 接发光二极管以观察触发器输出状态的变化。

(3)连续脉冲的外接电容改为 4.7μF，J、K 仍为“1”，用示波器观察 CP、Q 的波形，并记录下来。分析触发器的状态更新是否发生在 CP 脉冲的下降沿。

(三)D 触发器逻辑功能测试

选用 74LS74 双 D 触发器，其管脚排列如图 4－49 所示。

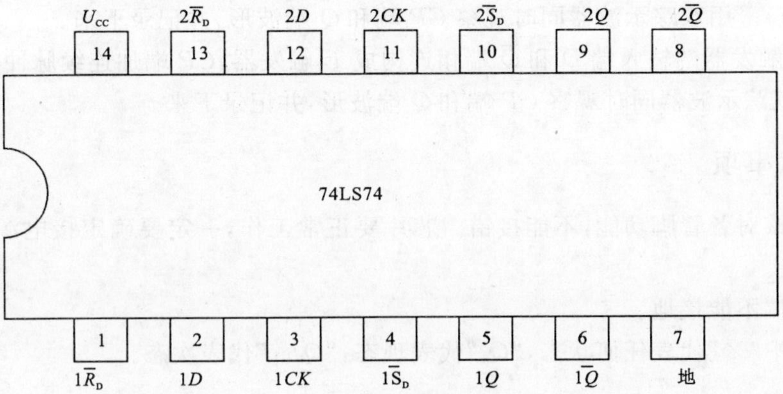

图 4－49　74LS74 双 D 触发器的管脚排列

1. 预置、清除功能测试

触发器 D、CP 端开路，按表 4－26 中所示 $\overline{S}_D$、$\overline{R}_D$ 端的状态，用万用表测试 Q、$\overline{Q}$ 端的电位，并转换成逻辑状态填入表 4－26 中。

表 4－26　D 触发器逻辑功能的测试

D	CP	$\overline{S}_D$	$\overline{R}_D$	Q	$\overline{Q}_{n+1}$	触发器状态
×	×	0	1			
×	×	1	0			

2. 逻辑功能测试

(1)将触发器先置为“1”态(利用预置端置“1”)，使 CP 为“0”，然后使 D 为“0”，观察触发器是否翻转为“0”。

(2)D 仍为“0”，给 CP 加一个脉冲，用万用表测试 Q 端电位，观察触发器是否翻转为“0”。若触发器翻转为“0”，继续在 CP 加正脉冲，看触发器是否继续翻转，并将测试结果填入表 4－27 中。

(3)在触发器为“0”态下，改变 D 为“1”，按表 4－27 所示要求重复步骤(1)、(2)，并将结果填入表 4－27 中。

表 4－27　D 触发器逻辑功能的测试

D	CP	Q_n	Q_{n+1}	功能
0	0	1		
0	↑	1		
0	↑	0		
1	0	0		
1	↑	0		
1	↑	1		

(四)触发器之间的转换(选做)

(1)将 JK 触发器的 J、K 端连在一起构成 T 触发器,CP 端加连续脉冲(外接电容用 4.7μF)。用双踪示波器同时观察 CP 端和 Q 端波形,并记录下来。

(2)将步骤(1)中所得 T 触发器的 T 端置"1",即得 T' 触发器,CP 端加连续脉冲(外接电容用 4.7μF)。用双踪示波器同时观察 CP 端和 Q 端波形,并记录下来。

(3)将 D 触发器的输入端 D 和 $\overline{Q}$ 端相连构成 T' 触发器,CP 端加连续脉冲(外接电容用 4.7μF)。用双踪示波器同时观察 CP 端和 Q 端波形,并记录下来。

五、注意事项

(1)仔细核对各管脚功能,不能接错。芯片要正常工作,一定要确定接电源和接地的管脚被正确连接。

(2)输出端不能接地。

(3)表格中"×"代表任何状态,"Q_n"代表现态,"Q_{n+1}"代表次态。

六、实验报告要求

(1)将测试结果整理后填入各表,并按要求画出相应的波形。

(2)阐述触发器输出状态"不变"和"不定"的含义。

(3)通过实验总结基本 RS 触发器、D 触发器、JK 触发器的逻辑功能。

(4)D 触发器和 JK 触发器的触发方式有何不同?

七、思考与问答

(1)复习基本 RS、JK、D 和 T 触发器的逻辑功能。

(2)熟悉集成与非门 74LS00、JK 触发器 74LS112 和 D 触发器 74LS74 的管脚功能。

(3)触发器有多个输入端时,对不使用的输入端应如何处理?

(4)如何使 JK 触发器和 D 触发器清零?

(5)复习触发器之间的转换。

第十四节 计数器及其应用

一、实验目的

(1)学习用集成触发器构成计数器的方法。

(2)熟悉用中规模集成计数器设计时序电路。

(3)掌握中规模集成计数器的功能、使用方法及功能测试方法。

二、实验原理

计数器是数字电路系统中应用较多的基本逻辑器件。它的基本功能是统计时钟脉冲的个数,实现计数操作;同时也常用于分频、定时、产生脉冲序列等。计数器的种类很多,按构成计数器的各触发器是否使用同一触发时钟脉冲来分,可分为同步计数器和异步计数器;按进位体制的不同，可分为二进制计数器、十进制计数器和任意进制计数器；按计数过程中数字的增、减不同，可分为加法计数器、减法计数器和可逆计数器；还有可预制数和可编程计数器等。

图 4-50(a)是用 D 触发器组成的 4 位二进制异步加法计数器。先将每只 D 触发器接成 T' 触发器，再将低位触发器的 $\overline{Q}$ 端和高一位的 CP 端相连接，计数脉冲从 F_0 的 CP 端输入，计数器工作前在直接置零端加入一负脉冲清零。工作波形如图 4-50(b)所示。

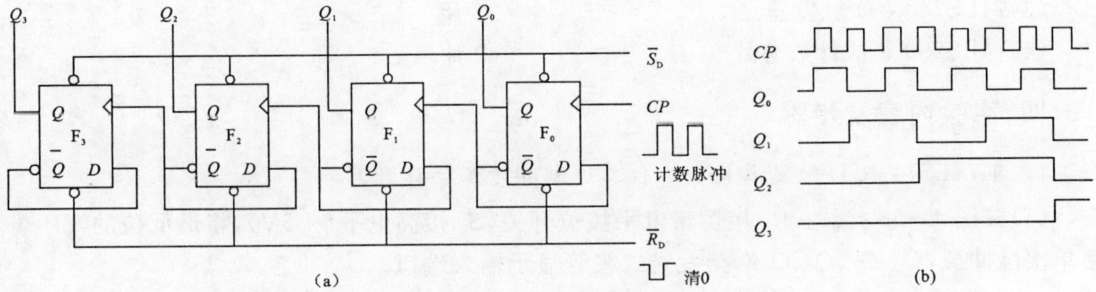

图 4-50　4 位二进制异步加法计数器及工作波形

若将图 4-50 中低位触发器的 Q 端与高一位的 CP 端相连接，即可构成 4 位二进制减法计数器。

中规模集成计数器的外部接线灵活多变，可以组成各种进制的计数器，使用非常方便。74LS290 型集成芯片是异步二-五-十进制计数器，其管脚排列图如图 4-51 所示。

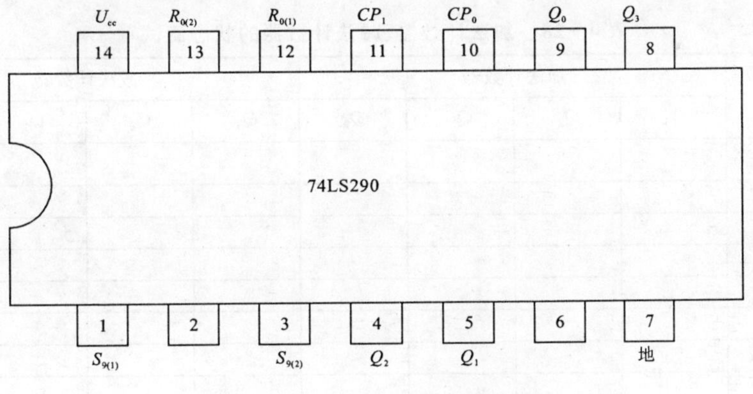

图 4-51　74LS290 的管脚排列

$R_{0(1)}$ 和 $R_{0(2)}$ 是清零输入端，当两端全为“1”时，计数器清零，$Q_3Q_2Q_1Q_0 = 0000$；$S_{9(1)}$ 和 $S_{9(2)}$ 是置“9”输入端，当两端全为“1”时，$Q_3Q_2Q_1Q_0 = 1001$，即表示十进制数 9。CP_0、CP_1 是两个时钟脉冲输入端。只输入计数脉冲 CP_0，由 Q_0 输出，为二进制计数器；只输入计数脉冲 CP_1，由 Q_3、Q_2、Q_1 输出，为五进制计数器；输入计数脉冲 CP_0，将 Q_0 端与 CP_1 端联接，由 Q_3、Q_2、Q_1、Q_0 输出，为十进制计数器。

若将计数器适当改接，利用其清零端进行反馈置 0 或采用并行预置数的方法，可得到小于原进制的多种进制的计数器。如74LS290型十进制计数器就可通过清零法改接成六、七、八、九进制的计数器。而将多个计数器采用一定的级联方式串联起来，又可得到任意进制的计数器。

三、实验仪器设备

(1)电路实验箱　　1台
(2)双踪示波器　　1台
(3)74LS74 双D触发器　　1片
(4)74LS290 集成计数芯片　　2片

四、实验内容及步骤

1. 用74LS74双D触发器构成4位二进制异步加法计数器

(1)按图4－50接线。$\overline{R}_d$ 接逻辑电平拨位开关，$\overline{S}_d$ 接高电平(＋5V)，将最低位的 CP 端接单次脉冲源，Q_3、Q_2、Q_1、Q_0端接发光二极管显示输入端口。

(2)清零(将 $\overline{R}_d$ 接逻辑电平拨位开关的低电平)后，再拨到高电平，将单脉冲依次送入 CP，观察 Q_3、Q_2、Q_1、Q_0的状态，并记入表4－28中。

(3)将单脉冲改为1kHz的连续脉冲，用示波器观察 Q_3、Q_2、Q_1、Q_0的波形，并记录下来。

2. 用74LS74双D触发器构成4位二进制异步减法计数器

将电路中的低位触发器的 Q 端与高一位触发器的 CP 端联接，构成减法计数器(自行设计电路)。按上述步骤(2)、(3)进行实验，观察并记录 Q_3、Q_2、Q_1、Q_0的状态与波形，其中 Q_3、Q_2、Q_1、Q_0的状态记入表4－28中。

表4－28　加法计数器、减法计数器的状态测试

类型 / CP数	加法计数器				减法计数器			
	Q_3	Q_2	Q_1	Q_0	Q_3	Q_2	Q_1	Q_0
0								
1								
2								
3								
4								
5								
6								
7								
8								
9								
10								
11								
12								
13								
14								
15								
16								

3. 十进制计数器逻辑功能测试

(1)选取一片 74LS290，接成十进制计数器(自行设计电路)。将 CP_0 端接单次脉冲源，Q_3、Q_2、Q_1、Q_0 端接发光二极管显示输入端口。

(2)清零后，将单次脉冲依次送入 CP_0，观察 Q_3、Q_2、Q_1、Q_0 的状态，并记入表 4-29。

表 4-29　十进制计数器逻辑功能的测试

CP 数	二进制数				十进制数
	Q_3	Q_2	Q_1	Q_0	
1					
2					
3					
4					
5					
6					
7					
8					
9					
10					

(3)将单脉冲改为 1kHz 的连续脉冲，用示波器观察 Q_3、Q_2、Q_1、Q_0 的波形，并记录下来。

4. 任意进制计数器逻辑功能测试

(1)选取一片 74LS290，接成六进制计数器(自行设计电路)。

(2)清零后，从 CP_0 依次送入单脉冲，观察 Q_3、Q_2、Q_1、Q_0 的状态，并记入表 4-30。

(3)将单脉冲改为 1kHz 的连续脉冲，用示波器观察 Q_3、Q_2、Q_1、Q_0 的波形，并记录下来。

表 4-30　任意进制计数器逻辑功能的测试

CP 数	Q_3	Q_2	Q_1	Q_0
1				
2				
3				
4				
5				
6				

五、注意事项

仔细核对各管脚功能，不能接错。芯片要正常工作，一定要确定接电源和接地的管脚被正确连接。

六、实验报告要求

(1)画出有关的实验电路，按实验内容记录实验数据和波形。

(2)如果采用 74LS160 型同步十进制计数器改接成六进制计数器，应如何改接？画出电路图。它与 74LS290 在功能上有何不同之处？

七、思考与问答

(1)74LS290 是同步还是异步计数器？特点是什么？

(2)74LS160 和 74LS290 有什么区别？

第十五节 555集成定时器及其应用

一、实验目的

(1)熟悉 555 集成定时器的组成及工作原理。

(2)了解 555 集成定时器的基本应用。

(3)掌握用 555 集成定时器构成单稳态电路、多谐振荡电路和施密特触发电路。

二、实验原理

(一)555 定时器的工作原理

555 定时器是一种能够产生时间延迟和多种脉冲信号的控制电路，是数字与模拟混合型的中规模集成电路。通过外加电阻、电容等元件可以构成单稳态电路、多谐振荡器和施密特触发器等。

555 定时器内部电路如图 4－52 所示，由比较器、分压电路、RS 触发器及放电晶体管等组成。分压电路由 3 个 5kΩ 的电阻构成，分别给 C_1 和 C_2 提供 $2/3U_{cc}$ 和 $1/3U_{cc}$ 的参考电平。C_1 和 C_2 的输出端控制 RS 触发器状态和放电管开关状态。当自⑥脚的输入信号大于 $2/3U_{cc}$ 时，触发器复位，③脚输出为低电平，放电管 T 导通；当自②脚输入的信号低于 $1/3U_{cc}$ 时，触发器置位，③脚输出高电平，放电管截止。④脚是复位端，当④脚接入低电平时，则 $U_o=0$；正常工作时④脚接高电平。⑤脚为控制端，平时输入 $2/3U_{cc}$ 作为比较器的参考电平，当⑤脚外接一个输入电压，即改变了比较器的参考电平，从而实现对输出的另一种控制。如果不在⑤脚外加电压，通常接 0.01μF 电容到地，起滤波作用，以消除外来的干扰，确保参考电平的稳定。其功能见表 4－31，其管脚排列如图 4－53 所示。

表 4－31 555 定时器的功能表

输入			输出	
阈值端⑥	触发端②	复位端④	输出端③	放电端⑦
×	×	0	0	导通
$<2/3U_{cc}$	$<1/3U_{cc}$	1	1	截止
$>2/3U_{cc}$	$>1/3U_{cc}$	1	0	导通
$<2/3U_{cc}$	$>1/3U_{cc}$	1	不变	不变

2. 典型应用

1. 555 定时器构成单稳态触发器

图 4－54 是由 555 定时器和外接定时元件 R、C 构成的单稳态触发器。接通电源→电容 C 充电(至 $2/3U_{cc}$)→RS 触发器置 0→$u_o=0$，T 导通，C 放电，此时电路处于稳定状态。

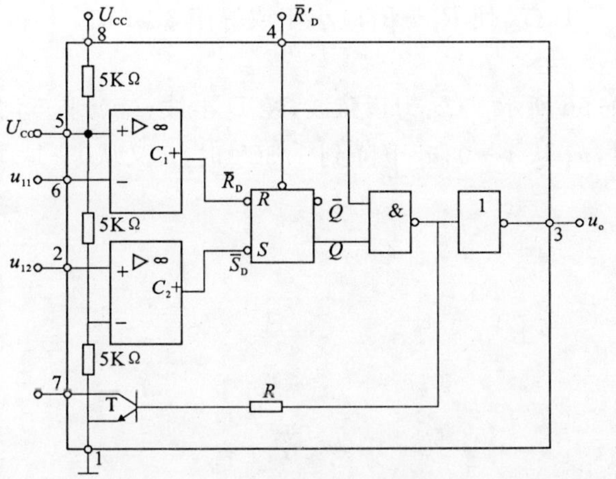

图 4-52　555 定时器内部电路

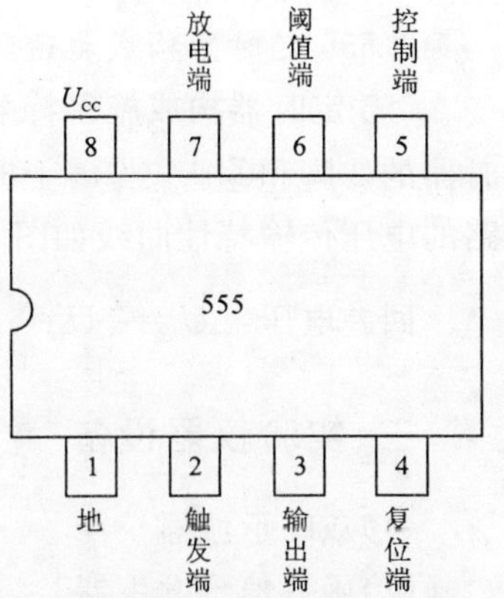

图 4-53　555 定时器管脚排列

当②脚加入 $u_I<1/3U_{cc}$ 时，RS 触发器置 1，输出 $u_o=1$，使 T 截止。电容 C 开始充电，按指数规律上升，当电容 C 充电到 $2/3U_{cc}$ 时，C_1 翻转，使输出 $u_o=0$。此时 T 又重新导通，C 很快放电，暂稳态结束，恢复稳态，为下一个触发脉冲的到来作好准备。其中输出 u_o 脉冲的持续时间 $t_w\approx 1.1RC$，一般取 $R=1\sim 10^4\text{k}\Omega$，$C>1000\text{pF}$，只要满足 u_I 的重复周期大于 t_w，电路即可工作，实现较精确的定时。

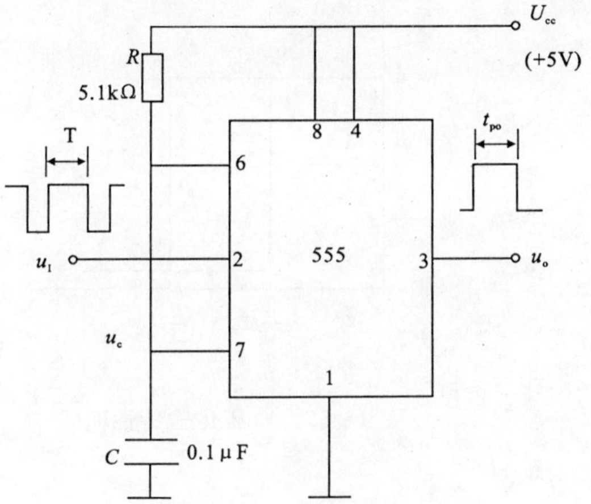

图 4-54　单稳态触发器

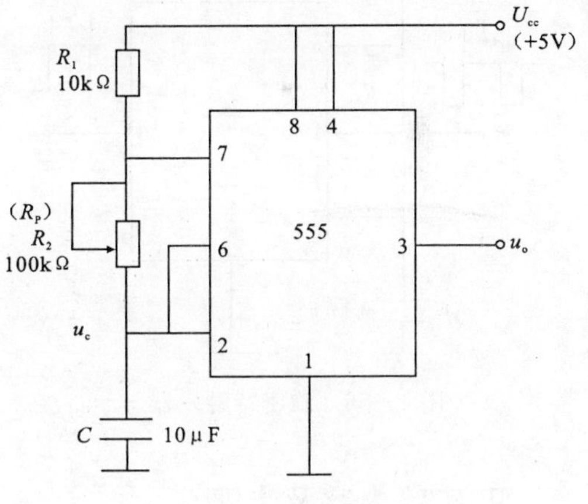

图 4-55　多谐振荡器

2. 555 定时器构成多谐振荡器

555 定时器构成多谐振荡器如图 4-55 所示。电路无稳态，仅存在两个暂稳态，亦不需外加触发信号，即可产生振荡（振荡过程自行分析）。电容 C 在 $1/3U_{cc}$ - $2/3U_{cc}$ 之间充电和放电，输出信号的振荡参数为：

周期 $T=0.7C(R_1+2R_2)$，

频率 $f=1/T=1.44/(R_1+2R_2)C$，

占空比 $D=(R_1+R_2)/(R_1+2R_2)$。

555 电路要求 R_1 与 R_2 均应大于或等于 1kΩ，使 R_1+R_2 应小于或等于 3.3MΩ。

3. 555 定时器构成施密特触发器

555 定时器构成施密特触发器如图 4－56 所示。U_S 为正弦波，经 D 半波整流到 555 定时器的②脚和⑥脚，当 u_i 上升到 $2/3U_{cc}$ 时，u_o 从 1→0；u_i 下降到 $1/3U_{cc}$ 时，u 又从0→1 。电路的电压传输特性曲线如图 4－57 所示。

回差电压：$\Delta U=\frac{2}{3}U_{cc}-\frac{1}{3}U_{cc}=\frac{1}{3}U_{cc}$。

三、实验仪器设备

(1)双踪示波器	1 台
(2)函数信号发生器	1 台
(3)直流稳压电源	1 台
(4)数字万用表	1 块
(5)集成定时器 NE555	2 片
(6)电阻 100kΩ、10kΩ 各 2 只；51kΩ、5.1kΩ、4.7kΩ	各 1 只
(7)电容 30μF、10μF、0.1μF、2 200pF	各 1 只
(8)电位器 100kΩ	1 只
(9)喇叭 8Ω	1 只

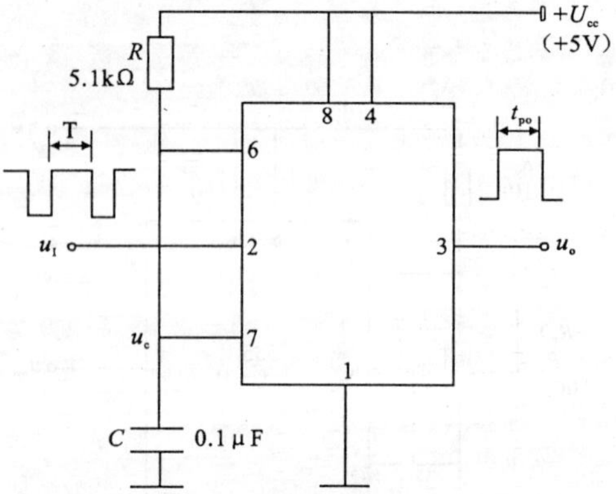

图 4－56 施密特触发器

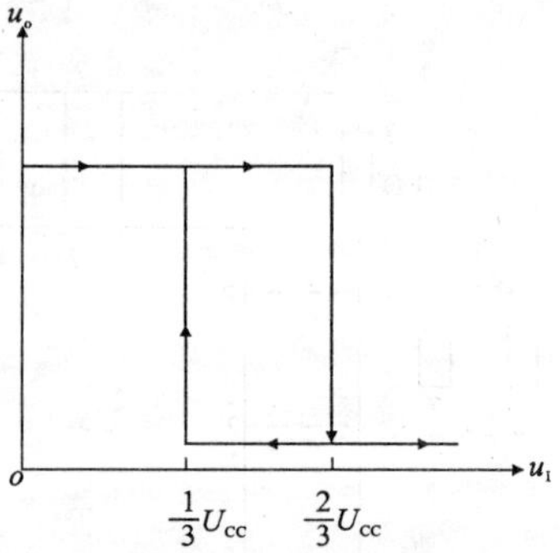

图 4－57 电压传输特性曲线

四、实验内容及步骤

(1)555 定时器构成单稳态电路。按图 4－54 接线。当 $R_1=5.1$kΩ，$C=0.1\mu$F 时，合理选择输入信号 u_i 的频率和脉宽，以保证 $T>t_w$，使每一个正倒置脉冲起作用。加输入信号后，用示波器观察 u_i、u_C 以及 u_o 的电压波形，比较它们的时序关系，绘出波形。

(2)按图 4－55 所示电路接成占空系数可调的多谐振荡器。取 $R_1=10$kΩ，$R_2=100$kΩ(电位器)，$C=10\mu$F，调节电位器 $R_P(R_2)$，在示波器上观察输出波形占空系数的变化情况，并观察占空系数为 1∶2 、3∶4 时的输出波形。

(3)在图 4－55 中，若固定 $R_1=5.1$kΩ，$R_2=4.7$kΩ，$C=0.1\mu$F 时，用示波器观察并描绘

u_o 和 u_C 波形的幅值、周期以及 t_{PH} 和 t_{PL}，标出 U_C 各转折点的电平。

(4)按图 4－56 所示电路接成施密特触发器。输入电压为 $R_2=100\text{k}\Omega$ 的正弦波。用示波器观察并描绘 u_i 和 u_o 波形。注明周期和幅值，并在图上标出上限触发电平和下限触发电平。

五、实验注意事项

(1)单稳态电路的输入信号选择要特别注意。u_I 的周期 T 必须大于 U_o 的脉宽 t_w，并且低电平的宽度要小于 U_o 的脉宽 t_w。

(2)所有需绘制的波形图均要按时间坐标对应描绘，而且要正确选择示波器的 AC、DC 输入方式，才能正确描绘出所有波形。在图中标出周期、脉宽以及幅值等。

六、实验报告要求

(1)整理实验数据，画出实验内容中所要求画的波形，按时间坐标对应标出波形的周期、脉宽和幅值等。

(2)总结 555 定时器的应用有哪些。

七、思考与问答

(1)实验内容(2)中，改变电容 C 的大小能够改变振荡器输出电压的周期和占空比系数吗?

(2)利用 555 定时器组成的施密特触发器实现三角波变成方波。

第五章 电工与电子技术设计实验

第一节 直流稳压电源的设计

一、实验目的

(1)加深对直流稳压电源工作原理的理解。

(2)通过设计,学会选择变压器、整流二极管、滤波电容及集成稳压器来设计直流稳压电源。

(3)掌握稳压电源的主要性能参数和测试方法。

二、设计任务及要求

1. 可调直流稳压电源设计

输入交流电压为220V,频率为50Hz。

主要技术指标:

(1)输出电压5~9V;

(2)最大输出电流不小于20mA;

(3)电压调整率小于0.01;

(4)输出纹波电压小于100mV;

(5) 具有过流保护。

2. 集成稳压电源的设计

输入交流电压为220(1±10%)V ,频率为50Hz。

主要技术指标:

(1)输出电压$U_o=\pm12V$对称输出;

(2)最大输出电流100mA;

(3)稳压系数不大于5×10^{-2};

(4)输出纹波电压小于100mV。

三、实验内容

(1)电源变压器不要求设计。

(2)确定整流、滤波和稳压电路的结构,并进行元器件参数的计算和选择。

(3)设计上述电路,确定电路参数。

(4)选择实验设备,设计实验步骤和调试方案。

(5)测试稳压电源的性能指标。

(6)对实验电路进行仿真实验。

四、实验报告要求

(1)确定设计方案,写出设计过程。

(2)选择实验设备,拟定实验步骤。

(3)分析实验数据,分析误差产生的原因。

(4)将仿真结果与理论计算结果、实验结果进行对比。

(5)总结收获和体会。

五、思考题

(1)如何利用集成三端稳压器构成恒流源?

(2)桥式全波整流电路中如果有一个二极管被烧毁(开路),会出现什么现象?如果有一个二极管被击穿(短路),会出现什么现象?为什么?

(3)稳压器的输入、输出端并联的小电容有什么作用?

第二节　集成运算放大器应用电路设计

一、实验目的

(1)学习用集成运算放大器构成运算电路的设计方法。

(2)掌握用集成运算放大器构成运算电路的调试方法。

(3)研究提高运算电路精度的方法。

二、设计任务及要求

(1)设计一个用双运放实现加减运算的电路,实现 $U_0=5U_1+10U_2-4U_3$ 的函数关系。

(2)设计一个 U/I(电压/电流)变换电路,将 0~5V 直流电压变换成 0~10mA 直流电流,且要求负载电路发生变化时,输出电流恒定。

三、实验内容

(1)根据设计题目要求,选定电路,确定集成运算放大器型号,并进行参数设计。

(2)按照设计方案组装电路。

(3)拟定实验步骤、调试方案和选定实验设备。

(4)在合适的输入信号范围内,任选几组信号输入,测出相应的输出电压 U_0,将实测值与理论计算值作比较,计算误差。

(5)分析实验数据并与实验设计值进行比较。

(6)研究运算放大器非理想特性对运算精度的影响,在其他参数不变的情况下,换用开环增益较小的集成运算放大器,重复设计任务(1),试比较运算误差,得出正确结论。

(7)完成对该实验的仿真。

四、实验报告要求

(1)写出整个实验电路的方案选择及整个设计过程,给出原理图和确定各种元件及参数。

(2)拟定实验步骤、调试方案和选定实验设备。

(3)分析实验数据、仿真数据,并与实验设计值进行比较。

(4)总结设计与调试中存在的问题、收获和体会。

五、思考题

(1)如何用单运放实现设计任务(1),比较用单运放实现和双运放实现的优缺点。

(2)如何设计一个 I/U(电流/电压)变换电路?

第三节　频率/电压转换电路的设计

一、实验目的

(1)掌握运放综合应用电路的分析和调试方法。

(2)掌握频率/电压转换电路的工作原理和设计方法。

二、设计任务及要求

设计频率/电压转换电路,其功能要求如下:

(1)用集成运放设计一种频率/电压转换电路;

(2)正弦波频率范围为 200～2000Hz,通过改变电阻 R 改变振荡频率且要求 R/U 有线性关系;

(3)正弦波峰-峰值 12V;

(4)200Hz 对应直流电压约 1V;2000Hz 对应约 5V。

三、实验内容

(1)根据设计任务及要求,选定电路(见实验提示),确定集成运算放大器的型号,并进行参数设计。

(2)按照设计方案组装电路。

(3)拟定实验步骤、调试方案和选定实验设备。

(4)分析实验数据并与实验设计值进行比较。

(5)完成对该设计电路的仿真。

实验提示:频率/电压转换电路的组成框图如图 5－1 所示,它包括 RC 串并联振荡器、积分器、整流滤波器和加法器 4 个部分。

集成运放组成的 RC 串并联振荡器产生正弦波信号,其振幅为 U_{o1},振荡频率为 $f_0=\frac{1}{2\pi RC}$。

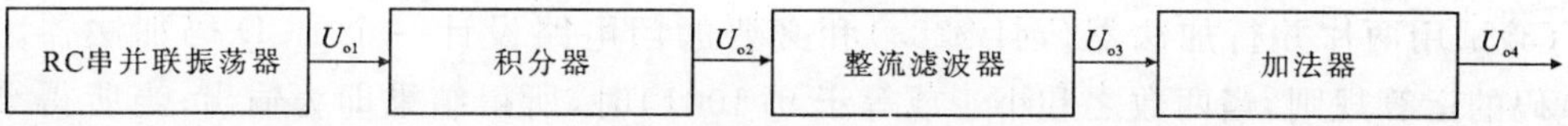

图 5－1　频率/电压转换电路框图

稳幅正弦波经过由集成运放构成的积分电路，以实现电阻 R 变化与正弦波幅度变化呈线性关系。其原理是：基本积分电路的增益，$K=\frac{1}{2\pi f R'C'}$，其中 R' 和 C' 分别为积分电阻与积分电容。设积分后的正弦波幅度为 U_{o2}，则：

$$U_{o2}=KU_{o1}=\frac{U_{o1}}{2\pi f R'C'}=\frac{RC}{R'C'}U_{o1}$$

由此可见，积分器输出的正弦波的幅值与 RC 串并联振荡器中的电阻 R 成正比。

整流滤波器是对正弦波进行整流滤波，变成直流电平，其电路为交流直流转换电路设计，设其输出直流电压 U_{o3} 与 U_{o2} 成正比。

反相求和运算电路用作电位调整，使 200Hz 正弦波对应 1V 直流电平，2000Hz 正弦波对应 5V 直流电平，其输出电压为 U_{o4}。

四、实验报告要求

(1) 画出实验的原理电路和布线图。

(2) 列表记录实验中有关的数据，并与仿真数据相比较。

(3) 画出实验中实际测量的波形。

(4) 写出设计、实验报告、调试体会。

五、思考题

(1)讨论频率/电压的线性关系。

(2)总结频率/电压的其他方案及其优缺点。

第四节　组合逻辑电路的设计

一、实验目的

(1)了解组合逻辑电路设计的方法。

(2)掌握 MSI 实现组合逻辑电路的方法。

(3)掌握 MSI 的功能扩展。

二、设计任务及要求

(1)设计一个全减器，设 A_i，B_i，C_{i-1} 分别为某位的被减数、减数和低一位的借位，S_i 和 C_i 分别为该位的差和向高一位的借位，要求用 MSI 实现。

(2)设计 3 个开关控制一个灯的电路，要求任一开关都可随意控制灯的亮与灭，试用两种不同的方法(SSI,MSI)实现。

(3)试用两片并行加法器(74LS283)和必要的门电路设计一个BCD码加法器。根据BCD码的运算规则,当两数之和小于或等于9(1001)时,所得结果即为输出;当所得结果大于9(1010～1111)或有进位时,则应加6(0110),这样一方面给出进位输出信号,同时得到一个小于9的输出结果。

(4)试用两片8线-3线优先编码器(74LS148)设计一个16线-4线优先编码器,要求输入低电平有效,输出高电平有效。

三、实验内容

(1)根据设计题目要求,选定电路,确定集成运算放大器型号,并进行参数设计。

(2)按照设计方案组装电路。

(3)拟定实验步骤、调试方案和选定实验设备。

(4)在合适的输入信号范围内,任选几组信号输入,测出相应的输出电压U_0,将实测值与理论计算值作比较,计算误差。

(5)分析实验数据,并与实验设计值进行比较。

(6)研究运算放大器非理想特性对运算精度的影响,在其他参数不变的情况下,换用开环增益较小的集成运算放大器,重复设计任务(1),试比较运算误差,得出正确结论。

四、实验报告要求

(1)要求有详细的设计过程及设计原理电路图。

(2)要求列出详细的设备及元器件清单。

(3)要求拟定实验测试方法、步骤及数据测试表格。

(4)要求画出电路接线图,列出电路测试表格。

(5)回答思考题。

(6)总结设计与调试中存在的问题、收获和体会。

五、思考题

(1)总结用MSI和SSI设计组合逻辑电路的方法及两种方法的异同。

(2)完成同一逻辑功能是否用MSI器件一定比用SSI器件简单?举例说明。

(3)在设计电路和实验调试电路中遇到哪些问题?如何分析和解决这些问题?

第五节　时序逻辑电路的设计

一、实验目的

(1)了解时序逻辑电路设计的方法。

(2)掌握用中规模集成计数器构成任意进制计数器的方法。

(3)掌握中规模集成计数器的扩展。

二、设计任务及要求

(1)分别用 74LS161、74LS290 设计一个七进制计数器。

(2)试选用合适器件实现下列状态转换图。

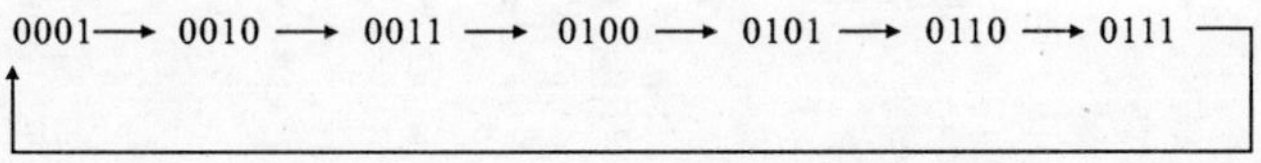

(3)用两片 74LS290 设计一个 100 进位计数器,再将其转化为 60 进制计数器。

(4)用两片 74LS161 采用 3 种不同的方法设计一个 24 进制计数器。

(5)用 D 触发器设计一个能自启动的 3 位扭环形移位寄存器。

三、实验内容

(1)根据设计题目要求,选定电路,确定集成运算放大器型号,并进行参数设计。

(2)按照设计方案组装电路。

(3)拟定实验步骤、调试方案和选定实验设备。

(4)在合适的输入信号范围内,任选几组信号输入,测出相应的输出电压 U_0,将实测值与理论计算值作比较,计算误差。

(5)分析实验数据,并与实验设计值进行比较。

(6)研究运算放大器非理想特性对运算精度的影响。在其他参数不变的情况下,换用开环增益较小的集成运算放大器,重复设计任务(1),试比较运算误差,得出正确结论。

四、实验报告要求

(1)要求有详细的设计过程及设计原理电路图。

(2)要求列出详细的设备及元器件清单。

(3)要求拟定实验测试方法、步骤及数据测试表格。

(4)要求画出电路接线图,列出电路测试表格。

(5)回答思考题。

(6)总结设计与调试中存在的问题、收获和体会。

五、思考题

(1)总结用中规模集成计数器构成任意进制计算器的方法。

(2)总结时序逻辑电路的自启动设计方法?举例说明。

(3)在设计电路和实验调试电路中遇到哪些问题?如何分析和解决这些问题?

第六章　电工与电子技术综合实验

第一节　波形发生器

一、实验目的

(1) 学习数字电路的综合应用。
(2) 熟悉集成芯片的综合使用。
(3) 掌握波形产生器的工作原理与设计方法。

二、设计要求

(1) 设计 4 种波形信号发生器,这些波形包括正弦波、三角波、锯齿波和方波。
(2) 要求输出量有 8 位的数字量分辨率。
(3) 输出波形可选择。
(4) 输出波形的幅值和频率可调。

三、实验原理

存储式波形发生器的组成框图如图 6-1 所示,时钟源产生计数脉冲,计数器作为地址产生器输出 EPROM 的地址信号,EPROM 存储波形数据。从选中的 EPROM 的某一单元读出的 8 位数字量送往 D/A,经过 D/A 转换器后,以模拟量的形式输出。改变时钟源脉冲的周期,就可以调节输出波形的频率。输出波形的幅值可用一个电位器来调节。

图 6-1　波形发生器框图

四、实验参考电路

波形发生器的参考电路如图 6-2 所示。74LS393 是双 4 位二进制同步计数器。它的计数脉冲 CP 可利用实验箱上的连续脉冲。如果要求信号发生器的频率在较大的范围内变化,可以由石英晶体产生较高的频率,然后用一个分频电路产生所需要的 CP 脉冲。波形数据存储可选用紫外线擦除 EPROM 2716,它的容量为 2kB。也可选用其他 EEPROM 或非易失性RAM。数模转换器DAC0832工作在单缓冲方式，采用双极性输出，并可通过输出电位器调节波形的幅度。S_1和S_2为波形开关，当S_2S_1＝00、01、10、11时，分别产生方波、锯齿波、三角波和正弦波。

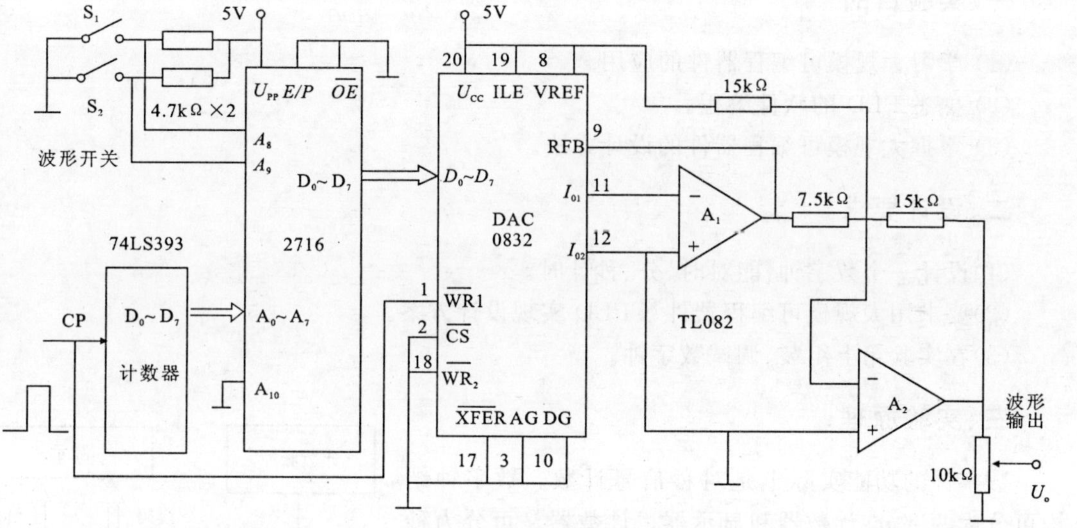

图6-2　多种波形发生器参考电路

五、实验仪器与器材

(1)数字电路实验箱		1个
(2)双踪示波器		1台
(3)集成门电路		
计数器	74LS393	2片
EPROM	2716	1片
D/A转换器	DAC0832	1片
运算放大器	TL082	1个
电阻、电位器		若干个

六、实验报告要求

(1)画出实验的逻辑电路。

(2)记录实验中得到的波形。

(3)总结计数器的计数脉冲的频率与输出波形的关系。

(4)思考：如果要增加输出波形的数目，电路该如何改变？如果要使得输出波形更加平滑，电路又该如何改变？

第二节 数字钟

一、实验目的

(1) 学习大规模可编程器件的应用。

(2) 熟悉 PLD 的软件编程。

(3) 掌握大规模可编程器件的设计方法。

二、设计要求

(1)设计一个数字钟,能对时、分、秒计时。

(2)要求用大规模可编程器件 CPLD 实现设计方案。

(3)在实验箱上组装、调试数字钟。

三、实验原理

数字钟的功能实际上是对秒信号计数。数字钟结构可分为两部分:计数器和显示器。计数器又可分为秒计数器、分计数器和时计数器。用 6 个数码管,配以 1kHz 的扫描信号将数字动态显示。图 6-3 为数字钟的组成框图。

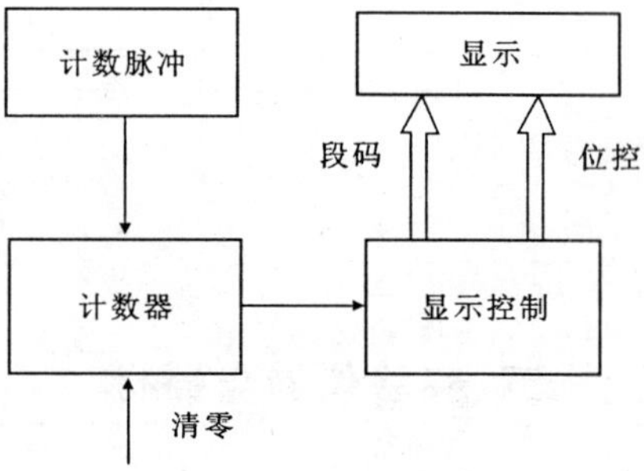

图 6-3 数字钟原理框图

四、实验参考电路

(1) 数字钟的模块电路如图 6-4 所示。如果实验箱上无 2Hz、1kHz 的信号源,可以用 555 定时器产生或从外部的脉冲信号发生器得到。计数器电路如图 6-5 所示。

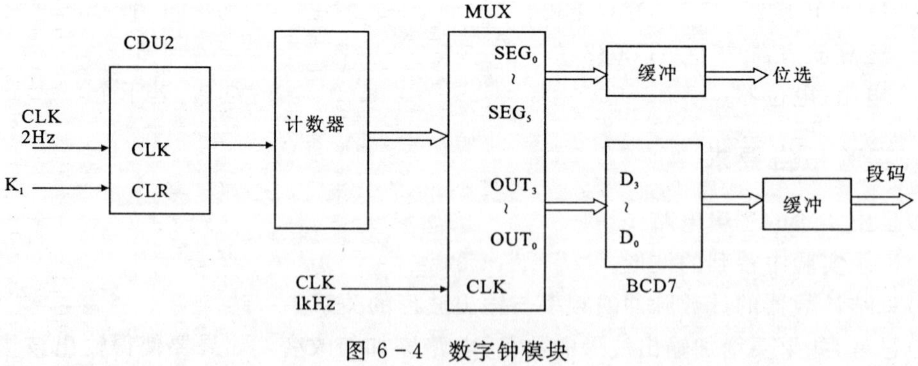

图 6-4 数字钟模块

(2) 在 PC 机上设计并仿真电路。

(3) 在 PC 机上生成 JEDEC 文件。

(4) 用编程电缆将 PC 机的并行打印口与实验箱连接,把 JEDEC 文件下载到实验箱的

isp LSI 1016 芯片中。

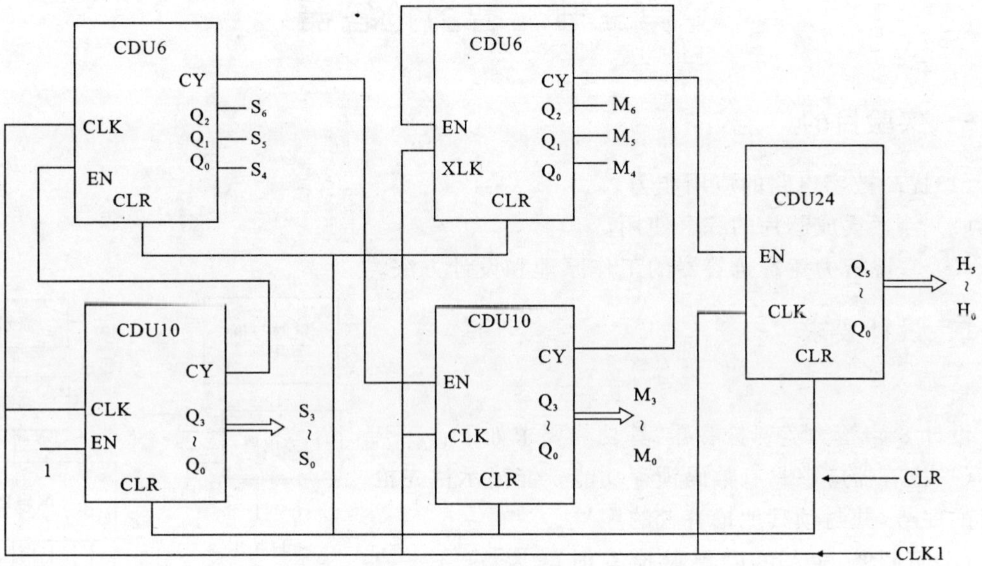

图 6-5　计数器电路

(5) 按图 6-6 所示连接实验电路，验证数字钟的正确性。

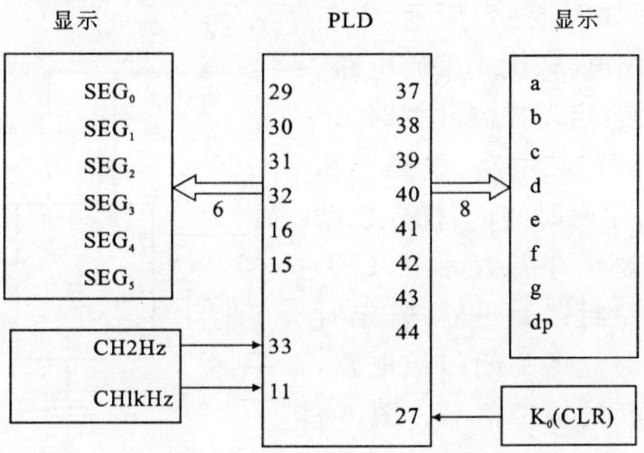

图 6-6　数字钟的实验接线图

五、实验仪器与器材

(1) 数字电路实验箱(带 isp LSI 1016 和编程口)　1 个

(2) PC 机(带编程电缆)　1 套

六、实验报告要求

(1)画出实验的原理电路和实验的接线图。

(2)画出各层次的电路图。

(3) 写出设计、测试和分析的结果。

第三节　智力抢答器

一、实验目的

(1)提高数字电路的应用能力。

(2) 熟悉集成芯片的综合使用。

(3) 掌握智力竞赛抢答器的工作原理和设计方法。

二、设计要求

设计 8 路智力竞赛抢答器,其功能要求如下:

(1)抢答器应该具有数码锁存功能。能显示优先抢答者的序号,并封锁其他抢答者的序号。

(2)节目主持人可以预置抢答时间为 5s、10s 或 30s,到时报警。

(3) 节目主持人可以清除显示和解除报警。

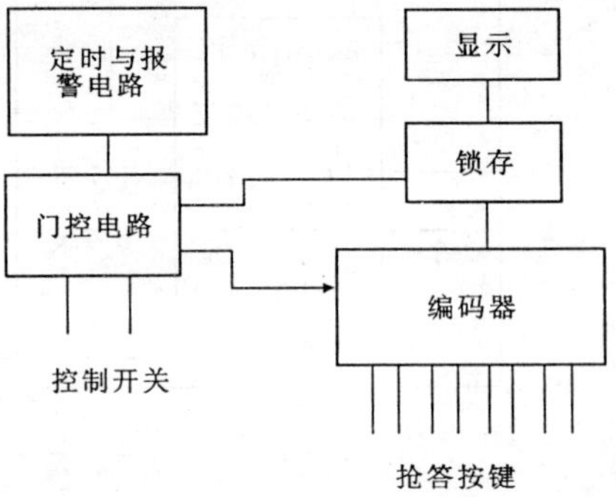

图 6-7　数字抢答器的原理框图

三、实验原理

抢答器的组成框图如图 6-7 所示,它包括定时与报警电路、门控电路、优先编码电路、锁存和显示 5 个部分。当启动控制开关时,定时器开始工作,同时打开门控电路,编码器和锁存器可接受输入。在定时时间内,优先按动抢答键号的组号立即被锁存并显示在 LED 上。与此同时,门控电路封锁编码器;若定时到而无抢答者,定时电路立即关闭门控电路,输出无效,同时发出短暂的报警信号。图 6-8 是定时与报警参考电路。定时器的设计可参考图 6-9,当开关 S 打开时,定时器工作,反之电路停止振荡。振荡器的频率约为:

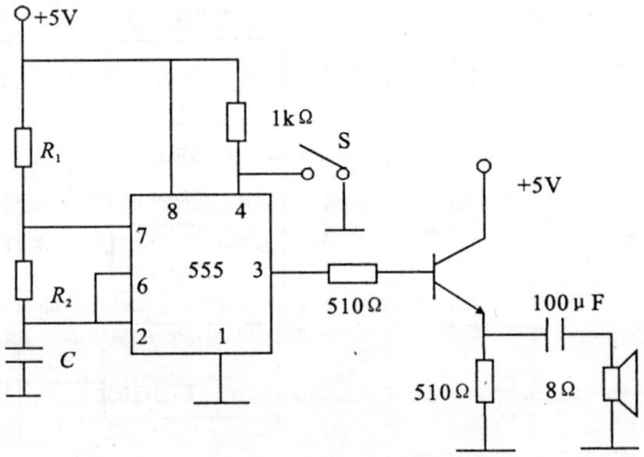

图 6-8　定时与报警参考电路

$$f = 1.443 / [(R_1 + 2R_2)C]$$

改变电阻或电容的大小,就可以调节抢答时间。例如,根据定时要求,可以采用固定电阻加旋转开关的方案,就很容易改变预置时间。

四、实验参考电路

电路分为两部分,即抢答器部分和定时与报警电路。图 6-9 为抢答器部分的参考电路。图中 74LS148 是 8 线-3 线的优先编码器,它的 EN、Y_{EX}和 Y_S分别是输入、输出使能端及优先标志端。当开关 S 闭合时，将 RS 型锁存器 74LS279 清零，由于 74LS248 的 BI 为 0，所以 LED 不显示；同时 EN＝0，编码器使能，并使得 $Y_{EX}=0$；开关 S 打开后，74LS279 的 R 端为高电平，但 74LS148 的 EN 仍然保持为 0，抢答开始。如果此后按下任何一个抢答键，编码器输出相应的 421 码，经 RS 触发器锁存。与此同时，编码器的 Y_{EX} 由 0 翻转为 1，使得 EN＝1，编码器禁止输入，停止编码；74LS148 的 Y_S 由 1 翻转为 0，致使 74LS248 的 BI＝1，所以 LED 显示最先按动的抢答键对应的数字。

根据给出的实验参考电路，从集成电路手册查出所用集成块的管脚排列图和功能表，并计算出元件参数，画出具体的连线图。注意图 6－9 中的两个非门可用与非门实现，这样做可以节省一片集成块。将定时与报警电路、抢答器电路进行联调，使其满足设计要求。

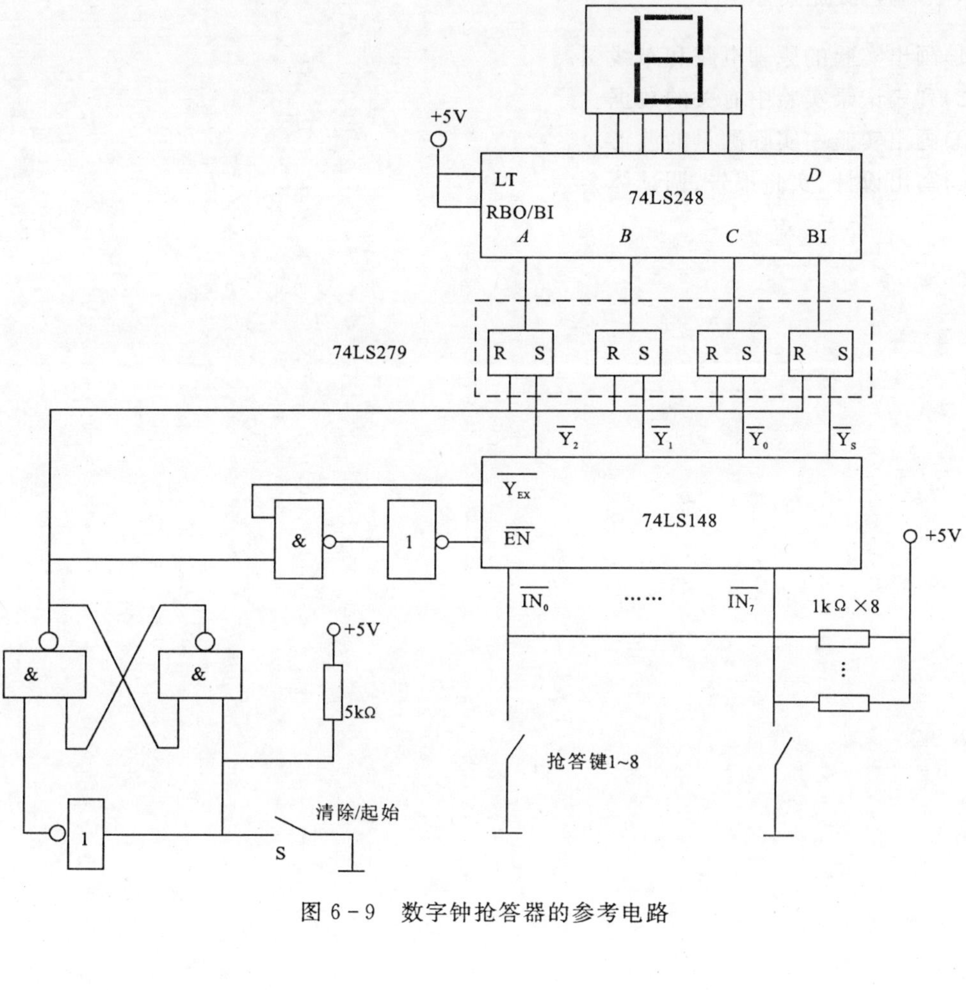

图 6－9　数字钟抢答器的参考电路

五、实验仪器与器材

(1) 数字电路实验箱　1 个
(2) 双踪示波器　1 台
(3) 秒表　1 个
(4) 扬声器　1 个

(5) 数码显示器			1个
(6) 三极管 3DG12			1个
(7) 电阻、电容			若干
(8) 集成门电路			
	定时器	NE555	1片
	优先编码器	74LS148	1片
	译码器	74LS248	1片
	锁存器	74LS279	1片
	与非门	74LS00	1片

六、实验报告要求

(1)画出实验的原理电路和布线图。

(2)列表记录实验中有关的数据。

(3)画出实验中实际测量的波形。

(4)写出设计、实验报告、调试体会。

附录 电工与电子技术实验须知

为了确保实验安全和良好秩序，特制定了电工与电子技术实验须知，以示告知。当您第一次进入实验室时，希望认真阅读，并严格遵守。

1. 进出实验室，禁止赤脚或穿拖鞋，要求着装整齐；注意行走路线和留意周边物品，不要拥挤和碰撞，以防摔倒、碰伤身体和损坏设备。
2. 将书包以及与实验无关的私人物品，整齐地摆放在实验室指定地方，雨具放在室外走廊上，以免影响实验。室内禁止吸烟、吐痰、喧哗、嬉笑打闹及其他不良行为。
3. 实验前，应先熟悉安全规范和实验设备的操作方法，提交实验预习报告。没有预习报告不得参加实验。然后检查实验设备外观状况，包括导线绝缘情况，清点设备和耗材数量，发现问题应及时报告。
4. 未经允许，不得擅自动用与本次实验无关的设备，不得私自调换座位或设备。将手机处于静音或关机状态。禁止用电脑或手机玩游戏、聊天等。
5. 接线、拆线和改装线路应在断电下操作，即先接线再通电，先断电再拆线。对于强电实验，应由教师确认接线无误后才允许通电。多人合作实验时应注意协调配合，未经同组其他人同意，不得擅自接通电源或拆线。
6. 在通电情况下应遵守单手操作规范，严禁人体接触电源或带电体，禁止双手带电操作。遇到漏电、触电和短路等危害情况，应立即断开实验台的总电源开关并报告老师处理。
7. 在实验过程中，若发现仪器和设备等出现异常情况，如跳闸、焦糊味、冒烟，甚至出现明火等，应立即断电，停止实验并及时报告。
8. 实验结束时，应及时交还所借实验器材，摆放好设备和仪器，整理好导线。然后如实填写实验登记本的内容（含故障信息），并由指导老师签字确认。在离开实验室之前，请带好自己的物品，并带走纸屑、饮料瓶等废弃物，不得弃留在实验室。
9. 按要求书写和提交实验报告。实验数据要真实有效，力求准确，禁止抄袭和伪造。实验报告的格式要符合规范，图表和内容表达清楚，不得随意涂改。
10. 不得私自带走实验室的设备、器材和登记本。对违规者导致设备损坏或财产流失，将视情节按相关规定处理和赔偿。

参考文献

[1]陈明义.电工电子实验教程[M]. 长沙:中南大学出版社,2007.
[2]褚南峰.电工技术实验及课程设计[M]. 北京:中国电力出版社,2005.
[3]康华光.电子技术基础模拟部分[M].第4版. 北京:高等教育出版社,1999.
[4]康铁英.电工学实验[M]. 大连:大连理工大学出版社,2008.
[5]陆晋.电工电子学实验教程[M]. 南京:东南大学出版社,2008.
[6]潘岚.电路与电子技术实验教程[M]. 北京:高等教育出版社,2006.
[7]唐庆玉.电工技术与电子技术实验指导[M]. 北京:清华大学出版社,2003.
[8]王传新.电子技术基础实验[M]. 北京:高等教育出版社,2006.
[9]王萍.电子技术实验教程[M]. 北京:机械工业出版社,2009.
[10]王松武.电子创新设计与实践[M]. 北京:国防工业出版社,2003.
[11]王香婷. 电工技术与电子技术实验[M]. 北京:高等教育出版社,2009.
[12]谢自美.电子线路设计·实验·测试[M]. 武汉:华中科技大学出版社,2000.
[13]曾建唐.电工电子基础实验教程(上、下册)[M]. 北京:机械工业出版社,2003.
[14]张学芹.电工电子实验教程[M]. 上海:华东理工大学出版社,2008.
[15]朱庆欢.电工电子技术实验[M]. 广州:暨南大学出版社,2010.